教师工作坊与校本研修

主　编◎◎霍　莉
副主编　　袁东波　王宗威

天津出版传媒集团

天津教育出版社
TIANJIN EDUCATION PRESS

图书在版编目（CIP）数据

教师工作坊与校本研修 / 霍莉主编.-- 天津：天津教育出版社，2019.1
（卓越教师的关键能力与素养）
ISBN 978-7-5309-8229-7

Ⅰ.①教… Ⅱ.①霍… Ⅲ.①教学研究 Ⅳ.
①G420

中国版本图书馆 CIP 数据核字（2018）第298910号

教师工作坊与校本研修

出 版 人	黄　沛
主　　编	霍　莉
选题策划	杨再鹏　　王俊杰
责任编辑	姚抒红
装帧设计	郝亚娟

天津出版传媒集团
天津教育出版社

出版发行　天津市和平区西康路 35 号　邮政编码：300051
http://www.tjeph.com.cn

经　　销	全国新华书店
印　　刷	嘉业印刷（天津）有限公司
版　　次	2020 年 1 月第 1 版第 2 次印刷
规　　格	16 升（710 毫米×960 毫米）
字　　数	200 千字
印　　张	11
定　　价	42.00 元

前言

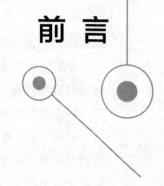

　　"一次又一次的研讨，一次又一次的交流，无论在工作坊的会议室里课例讨论、总结发言，还是在网站上的热烈交流，每次都成为我研训的另一个有效平台。在我们的工作坊这个平台中，我学习到了在以前的各种培训中学不到的东西，比如，以前我们很难与不同学校的教师面对面地交流教学心得，现在可以了；以前我们无法将自己的教学想法拿出来讨论，现在可以拿出来晒晒了；以前我们的教学反思做不到及时记录，现在我们有了工作坊的监督，我们不得不及时反思了；以前我们碰到问题无法解决，现在可以请教工作坊以及专家、名师，聆听他们的指点和教诲……这一切的一切，给我的感受就是：虽然我辛苦，但是我充实；因为我充实，所以我快乐!"

　　这是一位教师参加教师工作坊的研修之后的感受。从字里行间，我们感受到了工作坊这一新的校本研修模式对教师的巨大作用。它是教师成长的导航船，让教师在一次次的坊内活动中被震撼、被感动，进而坚定了研修之路。在工作坊里，教师不但可以从坊主和其他教师身上学到严谨的科研态度，还找到了自己的人生奋斗目标。而名师和专家的指导，更让教师的成长插上了翅膀。可以说，工作坊是一个舞台，教师在这里找到了工作的信心，提升了工作技能，找到了从教的目标和方向。

　　那么，这一极具特色的研修平台，有着怎样的特点呢，又用哪些模式发挥着怎样的作用呢？带着让更多的教师了解工作坊这一研修平台的目的，我们组织编写了《教师工作坊与校本研修》一书。本书以六个专题的篇幅，以理论和案例相结合的方式，将工作坊在校本研修中的作用和运用方式具体地介绍出来。

专题一："新模式的校本研修：教师工作坊"。以四节内容，分别从校本研修的内容和教师工作坊的起源、理论基础入手，介绍了教师工作坊的角色、类型、特点和操作模式，并指明这一研修平台存在的意义、前提和操作原则。

专题二："教师工作坊的研修流程"。平台是服务于研修的，因此其运作流程相当重要。故本专题以四节内容，具体介绍了教师工作坊研修的内涵和思路、研修主题的选择、课题研修的步骤，以及开展课题研修的方式。

在具体了解了教师工作坊及其相关知识的前提下，本书又以四个专题的内容，介绍了教师工作坊进行研修的四种模式。

专题三："工作坊研修模式一：系列跟进式"。具体介绍了系列跟进式工作坊研修的特点及作用、运作流程、注意事项，并以一节的篇幅提供了相关的案例和具体的评析。

专题四："工作坊研修模式二：多点聚焦式"。这一节具体介绍了多点聚焦式工作坊研修的特点、程序及作用，运作流程，注意事项，同时也用一节的篇幅提供了具体的案例，为操作提供借鉴。

专题五："工作坊研修模式三：短程互助式"。这一节具体介绍了短程互助式工作坊研修的特点、模式和作用，运作流程，注意事项，并提供了可资借鉴的案例和评析。

专题六："工作坊研修模式四：骨干引领式"。本节具体介绍了骨干引领式工作坊研修的特点、类型和作用，以中心辐射为特点的运作流程，以及操作中的注意事项，同样提供了可供借鉴和学习的相关案例。

在全书的最后，考虑到教师工作坊的管理和运作的需要，本书还以附录的形式，提供了工作坊的相关章程，其中包括班主任工作坊的章程、教育科研工作坊的章程、坊主的职责、个人研修计划及工作坊的工作计划书，以供参考。

总之，作为一种充分体现教师自主性的研修平台，教师工作坊倘若要发挥切实可行的作用，就需要我们明确与之相关的各种知识与运作模式，只有在这样的前提下，教师工作坊才能诚如文首教师所感受到的那样，真正成为教师的舞台，在这里，他们不但可歌可舞，也可写可画，尽情抒发自己的教育理想，并为了实现自己的理想而磨砺自己、提升自己。

目 录

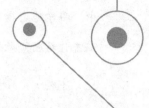

专题一　新模式的校本研修：教师工作坊

教师工作坊把传统培训"教的活动"变为"学的活动"，形成"以学习者为中心"的学习模式，成为教师专业成长的平台，合作交流共同体，研修活动的载体，有力地推动了校本研修。因此，参训教师评价它说："工作坊研修像一首歌，只有用心去悟，用情去唱，才能领悟到歌曲给你带来的喜和乐；工作坊像一道菜，只有用心去做，仔细去品，才会知道这道菜的色香味。"

专题二　教师工作坊的研修流程

教师工作坊以主题为研修单元，把传统培训"教的活动"变为"学的活动"，形成"以学习者为中心"的学习模式，成为教师专业成长的平台，合作交流的共同体，研修活动的载体，有力推动了校本研修。而在工作坊的研修过程中，科学地选择和确定研修主题，把握主题研修的步骤，运用科学的方式，是保证工作坊研修效果的重要前提。

专题三　工作坊研修模式一：系列跟进式

基于问题解决的系列跟进式研修模式是工作坊组织教师专业学习的集体活动，这种模式对于提高学生的学习质量，提升教师的教学水平，有效地促进教师的专业发展起到了极其重要的作用。

专题四　工作坊研修模式二：多点聚焦式

教师工作坊以促进教师成长作为学校内涵发展的抓手，而教师成长的基础，则是唤醒教师自我发展的内驱力。多点聚焦式工作坊研修模式，促使教师从被动地接受从上到下的形式主义的校本培训转变为自主参与到校本研修中来，成为探寻教师自主发展的有效策略。

专题五 工作坊研修模式三：短程互助式

短程互助式工作坊研修模式，其背后体现的就是校本研修中"同伴互助"的研修模式。作为在基础教育课程改革背景下兴起的这种工作坊研修模式，它强调合作、探究，并以二者为主要形式，让坊内教师之间通过互相研修构建学习型组织，促进教师的专业成长，进而成为教师走上专业化之路的重要方法。

专题六 工作坊研修模式四：骨干引领式

在每所学校教师群体中，不乏有一些学科教学水平高、课改理念新的佼佼者。如何更好地发挥这些骨干教师的作用，让他们在以校为本的教研活动中发掘自身优势，释放自身能量，引领并带动全体教师，不断促进教师整体水平的提升呢？骨干引领式教师工作坊就是一种极好的方式。这一研修方式依托于"老带新"的同伴互助理念，为校本研修提供了新的思路，为教师成长提供了新的途径。

附　录　教师工作坊规章（制度、计划）示例

后　记　/ 167

专题一

新模式的校本研修：教师工作坊

　　教师工作坊把传统培训"教的活动"变为"学的活动"，形成"以学习者为中心"的学习模式，成为教师专业成长的平台，合作交流共同体，研修活动的载体，有力地推动了校本研修。因此，参训教师评价它说："工作坊研修像一首歌，只有用心去悟，用情去唱，才能领悟到歌曲给你带来的喜和乐；工作坊像一道菜，只有用心去做，仔细去品，才会知道这道菜的色香味。"

主题1　校本研修的新形式：教师工作坊

当前，随着校本研修工作的不断深入和校本研修方式的不断扩展，一种新的研修模式——教师工作坊正在不断涌现和发展。而伴随着这种新的研修方式的出现，越来越多的教师在教师工作坊中获得了收获和成长，对这一校本研修模式发自内心地热爱。那么，具体来说，教师工作坊是在怎样的背景下产生的？要谈到此点，还要从校本研修说起。

一、校本研修及其相关内容

校本研修又称校本培训，是作为教师工作实践的主要场所——学校，成为一个有利于教师专业发展的学习型组织，尊重教师个体的发展愿望，创设一切便利条件，充分发挥教师个体创造力和教师群体合作力，形成一种弥漫于整个组织的学习氛围，并凭借着群体间持续不断地互动学习与实践，使个体价值与群体绩效得以最大限度显现的研究学习方式。

1. 校本研修要素及主要方式

教师及其研修组织、领导与管理、专业人士、专业信息资源等是校本研修的要素。而这些研修要素也决定了校本研修的主要方式。

校本研修的方式分为以下两类：

（1）按研修角色划分，校本研修包括自我反思、同伴互助和专家引领三种形式。

教师的自我反思（实践反思）：这是指教师对自我教学行为及结果的审视和分析过程。自我反思是建立于教学经验基础上的，是校本研修活动的起点，是承担"校本研修的个人责任"的具体落实。教师只有在回顾基础上提出问题，才能在实践中去解决问题。

教师的同伴互助（共同发展）：同伴互助是校本研修的基本形式，它是建立在教师之间的合作基础之上，力求通过合作互动，同伴之间相互影响，以团队的形式进行研究。包括以老带新、结对互助、教研活动、专题沙龙、兴趣小组，等等。

教育专家的专业引领（专业提升）：校本研修的实质是理念和实践的结合，校本研修立足于学校，对学校存在的实际问题进行研究、提升，需要专家的专业指导和学术支持。包括专题讲座、案例点评、咨询诊断、交流研讨、名师工作室，等等。

（2）按研修的目的划分，包括校际合作、专业发展和网络平台研修三种形式。

基于校际合作的研修方式：对口支教、影子培训、项目合作、基地活动、校际结对、区域联盟等。

基于专业发展的研修方式：实践反思、技能训练、教学竞赛、专题（课题）研究、论文撰写等。

基于网络平台的研修方式：校园网站、专题论坛、主题空间、博客写作、QQ 群交流等。

2. 校本研修的特点

校本研修需要多角度、多方面地整合力量，创造良好的校本研修生态环境，让教师在专家引领、同伴互助、个体反思实践中实现专业发展。因此，这一研修方式具有如下特点。

（1）针对性和实效性。

校本研修要求以学校为阵地，以学校教育教学过程当中存在的问题作为研究对象，因此，校本教研的研究内容是有针对性的，是解决教师教育教学过程中遇到的实际问题。所以，其阵地是学校，为一线教师解决问题、研讨问题提供平台。

（2）全员性和主动性。

即以教师为主体，但要求全校的管理人员也参与其中。在校本教研中，教师作为研修的要素，是参与的重要主体。教师的主动性的发挥有利于教育教学中产生的问题的解决，以及教学质量的提高、教师素质的提升。

（3）专业性和灵活性。

校本研修以教师专业发展为宗旨，可依据教师和教学实际展开。和师范院校的学历教育、教师培训机构的集中培训、学校的校本培训等诸多教师教育方式一样，校本研修致力于促进教师的专业化发展，为教师专业发展开辟新的道路。同时，校本研修就内容设置、方法确定、人员组合、时间安排等方面具有充分的灵活性，而培养的内容、形式、对象和时空也具有灵活性。

3. 校本研修的基本内容

校本研修既然是以校为本，立足于教师的发展和提升，那么其研修的基本内容就要与教师的教学、发展相关，其基本内容包括：

（1）学科知识与教学技能。

其内容包括学科教学研究的最新动态与成果、课程标准和教材研究、教学目标的设计与实现、课程实施与课程评价、校本课程的研究与开发、课堂教学的基本组织形式与组织策略、课堂教学设计与案例研究、研究性学习及综合实践活动的理论与实践等。

（2）教师成长与专业发展。

其内容包括教育法规与政策、教师职业道德、教师职业理想与专业发展规划、教师心理调适与情绪调控、现代教育理论、教育教学评价、现代教育技术与应用、教育科研方法、教学艺术与教学风格等。

（3）教学管理与学校发展。

其内容包括学校办学思想与办学特色，学校文化建设与校风、教风、学风建设，学校发展与教师队伍建设规划，校本研修规划与方案等。

（4）班级管理与学生成长。

其内容包括学生成长与身心发展、班主任工作与班集体建设、班级活动的组织与班务管理、良好师生关系的形成、学生思想工作及心理辅导、团队活动组织与管理等。

4. 校本研修的实践方式

立足于教师的基本发展的校本研修，其实践方式就要与教师的工作、生活相关，与教育相关，因此其回到实践中，就必定要采用与实践相关的方式。

（1）教学叙事。

即讲述教师教学中的故事。包括教学案例、感受、思考等，也包括研究的问题。

（2）集体备课。

从组织形式上有同学科同学段、同学科同年级、同年级不同学科的备课；从活动方式上有中心备课人说课、模拟讲课等；从内容上有集体学习、研究教材、分析学生、解决重难点、问题研讨、经验交流等。益处有实现校际联片、扩充教师力量、丰富课程资源、优化教学设计。

（3）合作研究。

即借助团体力量、协作意识，使教师彼此交流经验，最大限度促进教育信息交流，丰富教师的信息量和对外部的认识，促使教师更新教学观念，改善教学行为，提升教学水平。换言之，就是通过教师之间多渠道、多层面、多形式平等对话、讨论、交流，营造一个民主、开放、自由的研修氛围，促进教师在互动中自主建构实践性知识，使教师在互动、互补、合作中共同成长。

（4）课例研究。

即采用问题引领方式使听课、评课等常规活动焕发智慧光彩。可选同一课题提供不同课例，或同一教师在不同班级通过比较研究发现问题根源。当然，课例研究也可以采用同一单元不同教师讲，探讨解决预设问题的方式。更可以采用对存在学科间联系的内容，由不同学科教师讲自己的认识，实现学科整合的方式。

（5）研修例会。

这种方式包括以下几种：在组织形式上，学校可以通过开展校际、校级和组级例会来丰富研修活动；在学科内容上，可以是同一学科也可以是不同学科；在研修主题来源上，可以有教育问题、教学问题、研修问题三方面；在活动方式上，可以通过专业学习、梳理问题、实践展示、综合研究等形式展开；在归宿或目标上，则是借助例会研讨改进课堂教学。

（6）教师论坛。

这种方式可以是学校各研修组内外、跨校、跨区、跨省，对在教育教学实践中产生的问题和疑难展开专题研讨，问题由组内成员提供，教师结合自己教学实际选择主题进行钻研，并充分发表自己观点。最后由组长就本次论坛进行总结。

论坛可以面向不同层面教师形成多样化学术沙龙、研讨群，重点讨论解决方案。教师分享成果。还可请专家点评引领，使研讨向纵深发展，提高质量。

（7）专家指导。

即要适时举办专题报告，如学习新课标，了解课程目标、内容如何适应社会需要，了解当今社会对人才素养要求，使教师树立正确的学生观、人才观、质量观。在研修过程中聘请专家、名家对教师跟踪指导，重点培养，给他们更多对外交流机会，为其搭建施展才华平台，使其逐渐成为学科带头人。

5. 校本研修的模式

校本研修因其所具备的特点和基本内容，决定了其不同的研修模式，具体来说，其研修模式包括：

（1）基于研修内容的主题模式。

这种主题模式包括以下几种：

第一种，主题式研修模式。这一研修模式包括以下程序：整合资源选主题—行为跟进研讨主题—提升需求拓展主题；确立主题—专题学习、提高认识—集体备课，共同探讨—课堂实践印证预设—主题研讨，反思教学—行为跟进，生成问题。

第二种，主题式互动研修模式。这种研修模式就是教师们从教学实践中寻找实际问题，经过多方筛选确定每学期研究主题，再细化为月主题、课主题，围绕主题开展同伴共创、协作备课、互动研修、全程参与的研修活动。包括四环节：选取主题、协作备课、互动研讨、系统反思。

第三种，协作备课方式。这一研修模式包括名师挂牌课、师徒结对课、平行同质课、合作研课，互动研讨的方式有圆形互动、链式互动等。

第四种，网络主题探究模式。其步骤包括：确定主题—理论学习—网络研讨，即研修员与教师一起，根据教学中出现的高频度现象提炼出问题，引导教师学习相关教育、教学理论，并在理论指导下展开研究，借助网络交流、讨论自己的研究成果。

第五种，专题探讨模式——论坛式互助与引领。这一研修模式的论题来自一线，中心发言人是同伴。针对怎样备课、上课、布置作业，怎样处理教学与生活、过程与时间、生成与预设、自主与调控等，分年级承包一次活动设计，人人上阵，各施所长。

第六种，主题研究。其优点在于研修过程主题突出，方向性和目的性强。

（2）基于研修方式的模式。

这一模式包括以下几种类型：

第一种，行为暴露模式。这种研修模式是指在实施过程中，首先是教师原行为展示，同行或研修员观察、搜集问题、分析问题；然后教师谈感受、谈困惑，袒露想法，同行或研修员归因、点拨、引导，多边互动；教师二次反省，同行或研修员总结思路、提挈要领。

第二种，理论引领模式。这种研修模式是指，在实施过程中，首先是教师与指导人员共商研究课题，围绕教师感兴趣的一个话题，共同制订初步方案；其次实施初步方案，让教师展示，体悟困惑，指导人员观察分析；再次重新设计方案，教师谈困难忧虑、找差距、找原因，指导人员耐心引导、分析，促进教师反思；最后实施新方案，教师二次反省、二次行动、总结思路、品味收获。

第三种，持续改进模式。这种研修模式分为计划、实施、检查和处理四个阶段，并以自我反思、同伴互助、专业引领、校长推动，创建知识分享的校园文化，建立完善的激励制度，建立有效的校本研修平台，通过持续循环，可以不断解决教师在教学实践中遇到的各种问题，达到持续改进的目的，进而推动校本研修总目标的实现。

第四种，基于网络的校本研修模式。其具体流程是：发现问题—确定主题—做学习准备（包括线下和线上的网上浏览、在线检索、在线下载，在线咨询）—组织实施（电子备课、空中课堂）。

第五种，基于校园网的三环节模式。包括"研修资源生成""研修材料呈现""教师互动参与"。具体流程是：确定主题—设计方案—优化方案—组织实施—资源上传—网络研讨—总结推广。

（3）基于研修主体的模式。

这一模式包括以下四种：

第一种，自主研修模式。这一模式的程序包括：发现问题—问题反思—课堂观察—实践探索—解决问题。在实操中主要体现在教师的课前反思，即怎样选择和利用教材资源、怎样创造性使用教材、怎样做体现新课程理念的教学设计、怎样发挥学生的主体作用、怎样处理教学中的意外。课后反思，即本课的亮点在哪、问题在哪、原因何在、教学设计的优缺点是什么、更好的设计应是什么样的。

第二种，自学互助模式。这种模式就是在教师自学基础上，小组交流，主动获取知识，指导自身改进教育教学活动。教师通过学校组织小组交流，优势互补，资源共享；校长对教师是否达到阶段目标要给予评定、指明方向；最后成果整理包括撰写、归档。

第三种，同组互助观课模式。这种模式就是要教师组成小组，针对一个教学内容共同设计，授课教师适当调整策略并上课，同组观课议课并分解教学内容及过程进行再设计；然后另外成员再演课。

第四种，团队合作模式（沙龙）。这种模式要求教师每次就一个课改困惑或教学问题展开讨论，加深认识，寻求更有效的策略。大家平等，做记录再整理分析。

二、教师工作坊的产生

实际上，校本研修效果的好坏，教师的积极性、主动性起着决定性的作用。因此，伴随着教育思想的变革，伴随着教育人文化的发展，教师的研修方式也在不断变化，出现了越来越多极具人文性和研究性的教师研修方式，其中教师工作坊就是其中之一。

教师工作坊是一种基于学术思想和优秀教育教学经验传播的设计，强调专家和名师专业引领作用的发挥，其产生有着特定的背景。

1. 教师角色变化的需要

新课程标准明确指出，教师在课堂中的角色要发生根本性的变化，从指导者转变为组织者、参与者和合作伙伴。教学结构也发生相应变化，应创设与学生生活密切相关的情境激发学生的求知欲，使学生由被动学变为我要学、我想学；引导学生进行自主探究学习，让学生充分探索、合作交流，自己发现问题，归纳出解决问题的方法、规律。总之，要在一堂课中让学生体验整个教学过程，实现课堂教学的三维目标。而这一切的变化需要教师变换角度看问题，改变自己的角色，尽快成长起来。

2. 教师成长的需要

当校本研修已经逐步形成一种必然的趋势，成为教师成长的必要途径时，教师的发展和成长就要求校本研修的模式发生相应的变化。尤其是在校本研修过程中，教师深受启发，对于校本研修的内容与方式，有了自己的想法，而这种想法需要与人交流和沟通，更需要得到专家的指点。于是伴随着教师成长，教师对校本研修提出了更多的要求：

第一，校本研修的内容要全面，以满足教师如饥似渴的需求。要满足教师对不同方面的需要包括教师内涵的需要，如教育类内容的学习，心理学方面的学习，从而令其感悟到做教师的快乐，使其心理方面得到提升。

第二，校本研修的形式要多样化。形式多样方能满足不同教师的需求，而整齐划一的研修方式对于一些时间零碎化的教师不利，使之无法集中精力进行研修。

3. 教学过程管理的需要

教学过程管理是教学工作的基础，落实教学常规是改进教学工作的前提。许多教师研修活动都是围绕教学常规的落实而开展的。如备课管理、课堂教学检查、作业及评改情况的检查、考试分析与评价管理等活动，都是十分具体的业务性工作。但简单的、刚性的制度替代不了对这些工作的研究，纯粹意义上的评价也不可能替代对这些工作的指导。与此同时，教学常规落实得好坏也离不开善意而又严格的检查、悉心且到位的指点。为此，教师迫切需要得到教学过程管理的指导，而校本研修的其他方式无法做到灵活性和自由性。

正是在这样的需求下，教师工作坊开始出现。这种校本研修方式让课程走向活动，让个体走向团队，让被动走向主动，消除隔阂，让教师主动改变，主动成长，进而成为教师专业成长的有效途径之一。

主题2 教师工作坊的起源及理论基础

教师工作坊把传统培训"教的活动"变为"学的活动",形成"以学习者为中心"的学习模式,成为教师专业成长的平台,合作交流共同体,研修活动的载体。那么,这种研修方式来自哪里?其理论基础是什么呢?

一、教师工作坊的起源

要了解教师工作坊及其起源,首先要了解何为工作坊。先看"坊"字:所谓的"坊",是指"小手工业者的工作场所",规模较小。工作坊是外来词,其在英文中写作 workshop。这一词汇有两层含义:一是工场、车间、作坊;二是研讨会、专题讨论会、研习班。所以,我们现在所说的"工作坊",实指"进行工作或学习的小规模的团体"。

1. 工作坊的起源

工作坊这一用语最早出现在教育与心理学的研究领域之中。它来源于一位医生的设想。20 世纪初,美国波士顿医生普拉特,为了缓解结核病人的负性情绪,想了一个办法,把病人集中在一起,让他们相互交流生病期间的苦恼和焦虑,分享适合自己的调节方法和令他们高兴的事。结果却获得了出人意料的效果,病人们不仅增强了战胜疾病的信心,而且其治疗效果有意想不到的提升。这就是"坊"的初级阶段。

到了 20 世纪 60 年代,美国的劳伦斯·哈普林首先将工作坊这一概念引用到都市计划之中,为各种不同立场、族群的人们提供思考、探讨、相互交流的方式。从此之后,工作坊就成为一种学习方式、一个学习团队的代称。而一次工作坊活动就是一次学习活动。随着社会的进步和发展,工作坊不但成为一种学习方式,一个学习团体的代称,甚至在争论都市计划或是对社区环境议题讨论时也成为一种鼓励大家参与、创新以及找出解决对策的手法。

2. 教师工作坊的起源

由工作坊的相关介绍可知，教师工作坊是校本研修的一种组织形式，就是参加研修的教师不仅要听专家讲，而且还要讲给专家和同行们听；不仅要观摩别人上课，更要自己备课、讲课让别人观摩。通过个人备课、集体讨论、教学实践、评点反思等，培训教师对课本、对教学内容、对教学方式都有了全新的认识。那么，这种校本研修方式起源于哪里？

（1）参与式工作坊——教师工作坊的起源。

事实上，教师工作坊起源于参与式工作坊的运作方式。所谓参与式工作坊就是一个多人数共同参与的场域与过程，且让参与者在参与的过程中能够相互对话沟通、共同思考、进行调查与分析、提出方案或规划，并一起讨论如何让这个方案推动，甚至可以实际行动，这是一种将"聚会"和"一连串的过程"结合起来的活动方式。换言之，参与式工作坊就是利用一个比较轻松、有趣的互动方式，将上述这些事情串联起来，成为一个系统的过程。

（2）参与式工作坊的角色分工和组织程序。

参与式工作坊的角色有参与者、专业者和促成者三种。参与者就是参加活动的人；专业者就是具有专业技能，对于进行讨论之专业主题直接助力的人；促成者就是主持及协助工作坊进行的人。当然，在此过程中，促成者要做的是让参与的民众彼此之间进行有效的沟通，或是协助参与者在讨论的过程中发现并提出问题，但绝对不是强势地替参与者做出决定。

参与式工作坊作为一种可以将群众聚集起来，针对一项或是多项讨论议题，发表自己的意见想法、相互交流、相互凝聚共识的一种开会方式，一般以公听会、座谈会、研讨会等方式组织会议。其程序一般来说都是先由台上的主持人以及报告人先行报告，台下的民众只能做单方面的聆听，或在会后发问讨论。

不过，参与式工作坊不同于一般民众参与之处在于，这种会议方式可以让参与者互相发表意见，借助游戏的方式带动参与者的参与感，运用轻松的方式让参与者了解其规划的动机、目的以及规划地点的现况，从而可以获得多方的意见与想法，利于议题的讨论及整体活动推行。

二、教师工作坊的理论基础

教师在参与教师工作坊的过程中，汲取到先进的理念和思想，并将之运用到今后的教学工作中，从而达到自我研修、不断探究、不断发展、不断完善、不断成长的目的。那么，这种校本研修方式，其理论基础是什么呢？

1. 社会建构主义学习理论

建构主义是认知主义的进一步发展，但其与认知主义学习理论的最大不同在于更强调知识的主观性。建构主义学习理论认为，知识不是通过教师传授得到，而是学习者在一定的情境即社会文化背景下，借助其他人（包括教师和学习伙伴）的帮助，利用必要的学习资料，通过意义建构的方式而获得。而社会建构主义是以维果斯基[①]的思想为基础发展起来的，其主要关注学习和知识建构的社会文化机制。

社会建构主义认为，虽然知识是个体主动建构的，而且只是个人经验的合理化，但这种建构并非随意地任意建构，而是需要与他人磋商并达成一致来不断地加以调整和修正，并且不可避免地受到当时社会文化因素的影响。换言之，即学习是一种文化参与的过程，学习者仅能借助于一定的文化支持来参与某一学习共同体的实践活动，才能内化有关知识。而所谓的学习共同体，就是由学习者及其助学者（包括专家、教师、辅导者）共同构成的团队，他们彼此之间经常在学习过程中进行沟通交流，分享各种学习资源，共同完成一定的学习任务，因而在成员之间形成了相互影响、相互促进的人际关系，形成了一定的规范和文化。

须知，知识建构的过程，不仅需要个体与物理环境的相互作用，更需要通过学习共同体的合作互动来完成。其中典型代表就是文化内化与活动理论和情境认知与学习理论。

（1）内化理论：学习是社会文化的内化过程。

维果斯基认为，人具有动物所不具备的高级心理功能，如概念思维、理性想

---

① 利维·维果斯基（Lev Vygotsky, 1896—1934），苏联心理学家，不同地区翻译不一致，又名维果茨基、维谷斯基、维高斯基、维戈茨基，中国大陆通常翻译为维果斯基。维果斯基认为社会环境对学习有关键性的作用，认为社会因素与个人因素的整合促成了学习。他和皮亚杰分别发展出一套认知发展理论体系。

象、有意注意、逻辑记忆等。其核心特点是以语言和符号为工具，是文化历史发展的结果。

社会文化历史理论认为，人的高级心理机能是各种活动和交往形式不断内化的结果。所谓内化，就是将存在于社会中的文化变成自己的一部分，从而有意识地指引自己的各种心理活动。维果斯基认为，一切文明的东西都是社会的东西，因此，行为的文化发展来自社会的活动。与此相应，符号最初也是社会联系的手段、影响他人的手段，而后才成为影响自己的手段。在文化发展过程中产生出来的高级心理机能，就是"社会的东西的模塑品"。在文化发展中，任何机能最初都是作为心理之间的范畴表现出来，而后才作为心理之内的范畴表现出来。意即，高级心理机能最初是社会的、集体的、合作的，而后才变成个体的、独立的。这种从外部的、心理间的活动形式向内部的心理过程的转化，就是人的心理发展的一般机制——内化机制。

（2）活动理论：学习通过活动的参与来实现。

在维果斯基的基础上，列昂节夫①进一步强调活动在高级心理机能内化过程中的作用。他提出，一切高级的心理机能最初都是在人与人的交往中，以外部动作的形式表现出来的。经过反复多次的练习和实践，外部动作才能内化为内部的心智动作。活动是心理机能内化的中介和桥梁，而人的活动就其本质而言是一种社会实践，是在一定文化背景中的社会成员的相互作用。在活动理论的基础上，产生了实践共同体的概念。一个实践共同体是围绕特定的实践活动而形成的，如一个科研课题组、一个剧团等。

实践共同体有重要的三个维度：

一是活动领域。每个实践共同体有其特定的知识经验和要从事的事情，其成员对其同体的活动有着共同的理解，并不断地协商和磨合关于其活动的新理解。

二是社会"圈子"。成员之间建立了双向互动、共同参与的关系，从而被"捆绑"成为一个整体，去完成他们共同的任务。

三是实践方式。共同体成员在较长的实践活动中形成了共享性资源集合，其

---

① 列昂节夫（1903—1979），苏联心理学家，毕业于莫斯科国立大学（Moscow State Lomonosov University（MGU））。与苏联著名心理学家维果斯基（Lev Vygotsky，1896 - 1934）有过密切的合作，共同致力于社会建构主义理论的研究。

中包括有关的知识、方法、工具、案例、文档资料等。共同体成员参与共同的活动系统。在这个活动系统中，每个成员对于很多基本问题都有共同的理解。

按照活动理论，文化的内化是通过学习者参与某种社会活动而实现的。学习者通过参与某个共同体的社会活动，把有关的概念、语言符号、规则等内化为自己的一部分，从而逐渐进入该实践共同体之中，成为其中的一员。在参与活动的过程中，学习者与比他们更成熟的成员进行合作，可以完成不能独自完成的任务。这种通过合作所能达到的水平和独自能够达到的活动水平之间的差距，就代表了学习者的最近发展区。

总之，社会建构主义学习观，其中心思想强调科学思想是不能传递的，必须由学习主体主动建构，而这种建构是经验、知识、发展和学习的社会建构。这种理论成为教师工作坊的理论支撑之一。

2. 勒温的团体动力学理论

除了社会建构主义理论，勒温①的团体动力学理论也是教师工作坊的理论基础之一。所谓团体动力学，又称群体动力学、集团力学，是研究诸如群体气氛、群体成员间的关系、领导作风对群体性质的影响等群体生活的动力方面的社会心理学分支。

（1）场论的基础概念。

1917 年，勒温写就了《战场景象》这篇论文。在这篇论文中，他分析了人的心理承受力和人的行为动机，描述了一个人从后方安全处所来到前方生死关头时，环境及其意义的改变。在这里产生了"生活空间"这一概念，为其以后的拓扑心理学学说打下了基础，是他的"心理紧张系统论"的最早表露。在这篇论文中，他还阐述了情景或人与环境的交互作用决定人的心理事件和行为意义的观点，这就是他的场论的雏形。

勒温的场论主要讲的是个体的行为，但它为团体动力学的研究提供了理论基础。其场论的基本概念是生活空间，它包括人与环境。但人既是个体的存在，也是团体的存在；而环境既是物理的、心理的，也是社会的。个体不是孤立的个别

---

① 库尔特·勒温（1890—1947）：德裔美国心理学家，拓扑心理学的创始人，实验社会心理学的先驱，格式塔心理学的后期代表人，传播学的奠基人之一。

属性的机械相加，而是在一定的生活空间里组织为一个完整的系统。从这一点出发，勒温很容易得出这样的结论：团体绝不是互不相干的个体的集合，而是有着联系的个体间的一组关系。作为团体它不是由每个个体的特征所决定的，而取决于团体成员相互依存的那种内在的关系。由此认为，虽然团体的行动要看构成团体的成员本身，但已经建立起来的一个团体有着很强的纽带使个体成员的动机与团体目标几乎混为一体，难以区分。所以一般来说，引起社会团体变化而改变其个体要比直接改变个体容易得多。这就是整体比部分重要得多的场论的基本思想。

在实际研究工作中，勒温也得出了这样的结论。无论是训练领导、改变食物习惯、提高劳动生产以至于克服偏见，都表明了通过改变一个团体来改变其中的个体比一个个地改变个体要容易得多。勒温指出，只要团体的价值观没有改变，很难使个体放弃团体的标准来改变原有的主见。而一旦团体标准本身变了，则由于个体依附于该团体而导致的那种抵抗也就随之消除了。

（2）社会改变计划的三个步骤。

勒温在团体动力学理论中提出了社会改变计划的三个步骤：第一步是"解冻"，即消退与以往团体标准的联系；第二步是引进新标准；第三步是"重冻"。这是稳固地建立新的标准的过程。在此三个过程中，团体讨论决定比单向个体提出改变要求的效果要好得多。工作坊的操作原理与此相同。在具体进行中，随着不同的议题发生，而变更操作上的手法。首先是学习资料的准备，通过共同分享现有资料，参与者在一个平等条件上沟通、讨论、交换意见，从中反省自己的行为。其次，通过进一步的分组讨论、参与活动等方式，促进参与者间交流，透过对主题或反复创造性的探讨，达到凝聚意识的过程，逐步建立新的价值标准。最后，各小组间就不同价值观、立场阐述探讨成果，利用客观角度来分析事情，巩固学习成果，寻求今后努力方向。

主题3 教师工作坊的角色、类型和特点

　　教师工作坊在社会建构主义和团体动力学理论的指导下，开展校本研修活动，让团体中成员之间紧密联系，互相影响，进而发挥共同学习与提高的作用。那么，教师工作坊是以怎样的结构、模式展开研修活动的？这一教学研修方式具有怎样的特点呢？

一、教师工作坊成员的构成

　　教师工作坊是一个整体，是由具有相同目标、希望提升自身的专业理念与师德、专业知识和专业能力的教师们组成，是一个团队、一个共同体，而且是实践和学习的共同体，有着自己的结构。工作坊成员也有着自己独特的工作职能。

　　工作坊一般参与人数为 20～30 人，不超过 35 人。坊主会针对每位参与者的个人问题有针对性地进行探讨解决，传授不同的方法。同时，依据情况不同，还可以将参与者分为大组和小组。教师工作坊由坊主、专业者和参与者三种角色组成，三种角色各自承担着不同的任务和职责。

1. 坊主

　　坊主（促进者），即拟定研讨主题，拟定推动工作坊进行的人（亦即工作坊的主持人），为主讲人、学习者提供系统的支持服务，引领参与者（即教师）完成工作坊研修的各项工作。由于工作坊的大小不同，坊主可分为学校工作坊坊主、区域工作坊坊主等，因此坊主的责任也各有不同。

案例

1. 参照项目实施方案、本校实际情况，制订本学科项目研修计划。

2. 引导本校学科学员加入工作坊，牵头主持工作坊，并与区域学科工作坊、

项目组专家活动协作交流。

3. 参与引领域性主题研修活动，并根据本校教学实际，设计、主持开展线上、线下的研修活动及在岗实践，保证工作坊活跃度及研修质量，引导参与者学以致用。

4. 做好分阶段成果提炼与推优工作。

5. 参与中国研修网组织的答疑活动，及时了解项目情况，并对学员问题及时给予解答。

6. 考核评定本工作坊组员的研修成绩，评选优秀组员并提交名单，撰写研修总结。

上述案例就是学校工作坊中坊主的责任。一般来说，学校工作坊可分学科建立，学科坊主为学校教研组组长或学科骨干教师，主要负责学校相关信息技术能力提升工程项目研修活动的组织与指导，并向学校管理员汇报。

另外，坊主要注意的是，自己要从前台后退一步，为参与者创造机会，使之站到前台，让他们自己与同伴共同学习。即坊主要做一个助学者、引导者，给参与者机会提出问题、寻找答案、相互讨论、解决问题、互相学习，而不是仅从自己本人这里学习。同时，在制订计划时，坊主还要考虑到当地热点以及亟待解决的话题，思考在工作坊中如何应对这些话题。

2. 专业者

专业者是指工作坊的主讲人，也就是具有某一领域丰富经验的人，是工作坊中的导师、师傅，指导坊内成员学习某一领域的知识与技能，亦即辅导教师，也是坊主的协作者，是具有专业实践技能、对将要讨论的专业主题有直接助力的人，比如中小学一线的资深教师。

案例

协作组组长是工作坊协作组具体工作的承担者，负责本组的研修工作。

1. 协助坊主督促本组学员进行个人信息完善，对于未上线学员、信息不全学员进行督促。

2. 督促学员按照研修进度参与各类研修活动，按照考核要求完成相关任务。

3. 组长须及时批阅学员提交的各种作业、教学成果，并推荐优秀作业、优秀活动成果、优秀日常研修活动栏目内容、优秀资源给坊主做点评，原则上至少达到学员提交作品的50%。

4. 至少发起协作组1个活动，组织学员完成相关任务。

5. 完成协作组简报，两月一期，在月底前上传至平台。

6. 建立本组QQ群，及时进行交流沟通。

7. 评选年度优秀学员，总体比例占本组学员总数的25%~30%。

上述案例中协作组组长，其实就是专业者，其承担的任务就是专业者的职责与任务，引领小组成员进行研修活动，协助坊主进行活动的组织与展开。

3. 参与者

参与者就是参加工作坊的教师，即在坊内学习的教师。他们通常是某一领域的新手，或亟待增强自我意识的人。他们承担的任务就是积极参与工作坊的活动，在日常教学活动中积累相关的资料与经验，并完成工作坊布置的任务，从事相关的学科教学活动或任务。

总之，工作坊中这三种不同的角色在活动中有着各自的职责与任务，但其共同目标却是完成工作坊的项目研讨主题活动。

二、教师工作坊的类型

按不同的分类形式，教师工作坊有三大类型九种形式。

1. 依据其运行的方式，分为实体工作坊、虚拟工作坊和混合型工作坊三种形式

（1）实体工作坊。

就是有具体的办公场所，提供实体学习平台的工作坊。工作坊进行研修活动时，大家是面对面的。这种工作坊采用自主研修、同伴互助、主持人引领与专家指导相结合以及集中会课、专题讨论、行动研究与成果展演相结合的学习方式，突出活动的重心并注重活动实效。

（2）虚拟工作坊。

指借助于网络这个学习平台的工作坊。工作坊的成员可以在不同的地点进行活动，活动不受地点的影响。这一学习平台由工作坊成员设计、管理，栏目包括活动日志、案例撰写、教学切磋、课程改革、成果交流、专家点评等组成，突出不同学习主体的地位和作用。

（3）混合型工作坊。

就是指"实体＋网络"双重运行机制工作坊，即工作坊实行实体运行和网络运行双重机制，采用"校本—合作型"的运作模式。这种工作坊的运行特点在于克服了实体和虚拟工作坊的缺点和不足，让研修方式更为灵活、更加主动。

2. 依据活动进行的连贯性，分为单场工作坊、系列工作坊和自主配课型工作坊三种形式

（1）单场工作坊。

就是选定一固定主题，有导师和其他参与者进行分享的工作坊。讨论结束后，一般会安排一些交流活动，但不会特别再单独组织一场同主题工作坊。其优点是选择的空间比较大，随报随学。

（2）系列工作坊。

即导师精心选择的一系列对参与者成长比较有益处的主题而成立的工作坊。参与者进行系统的讨论、学习，数量一般在两场以上，即我们俗称的"连报"。其好处是可以让学习具有连贯性。

（3）自主配课型工作坊。

就是由参与者自由选择自己需要的工作坊，优点在于自主度比较高，参与者可以依据自己的需求，自由选择需要的学习和研修的内容。

3. 依据活动性质，分为胜任诊断工作坊、实践知识工作坊和专家、骨干流动工作坊三种形式

（1）胜任诊断工作坊。

这是针对教师的工作能力和工作方法等进行诊断和指导的工作坊。它借助一系列的案例分析，发现教师的不足和需要提高之处，给予科学的指导。

（2）实践知识工作坊。

这是指对教师进行教学和教育实践知识学习指导的工作坊。这种工作坊一般以系列的形式，分不同类型的实践知识，针对教师的实际需要进行学习和研修，如课任教师的课堂处理、班主任的工作技巧等，比较接地气。

（3）专家、骨干流动工作坊。

这是专家或骨干教师不定期地进行指导、引领的工作坊。在流动的过程中，专家的指导和骨干教师的示范和引领，起到了提升坊内教师工作能力和教育素质的作用。

在这样的工作坊中，自主研修是工作坊最基本的学习方式，主要包括自主学习、自觉实践、自我反思；同伴互助主要包括学科内同行协作，以课例为依托、以问题为核心，做到做前问诊、做中现场指导和做后交流提升；主持人引领则要求坊主、专家教师深入课堂，定期开展听课、评课、研课活动，定期组织专题讨论、总结反思、成果展演；专家指导强调以研究者的眼光和视角审视课堂，加强教育教学研究，指导工作坊形成个性化的教育教学理论。在学习交流、坊间互访和课堂展示中，教师接受反馈，完成改善，并提炼实践经验，进行资源共享、成果共享。

三、教师工作坊的特点

教师工作坊由教师根据自己的意愿自由组合而成，并自主选择研究内容，为着"共同的意愿"（即要达到的共同研究目标），"心甘情愿"地结合在一起的合作研究团队。这种研修方式有着自己的特点。

1. 行为主动性

教师工作坊是教师根据自己的意愿自由组合而成的，是其成员自主参与的活动组织，因此在活动中，每一个成员均能自由地发表自己的看法，积极参与活动，因此每一个成员都是参加活动的主体。

2. 系统开放性

在工作坊活动中，所有的研修主题均是得自教学实践，是由大家共同发现、研究、提出的，因此决定了这一系统的开放性。

3. 成员组织性

在工作坊活动中，成员们在坊主的指导下和辅导教师的辅导下有序地开展活动，因此具有高效的组织性。

4. 目标的整体性

工作坊活动的主要宗旨就是全面提高教师的专业理念与师德、专业知识与专业能力，体现了活动目标的整体性。

5. 活动整合的一致性

在工作坊活动中，所有的成员均具有共同的活动目标，都明确分工，并且积极讨论，形成更多的再生资源，丰富坊内的共有资源。

总之，教师工作坊在活动内容和时间上都十分灵活，能对研究中生成的问题进行及时的沟通交流和处理。在活动中，面对有着共同问题的亲密伙伴，没有领导的参与和怕说错的压力，教师可以敞开心扉，尽情表达自己的观点与意见，因此在工作坊中研究的问题是最自然、最真实的。同时，工作坊在运行机制上实行完全的自我管理、自我发展，无须外界指令而能自行组织、自行创生、自行演化，是一个具有生命力的系统。

主题4 教师工作坊研修的意义、前提及操作原则和模式

作为校本研修的独特方式，教师工作坊在校本研修中发挥着积极的作用，有着极其重要的意义。那么具体来说，这种意义体现在哪些地方呢？运用这种方式开展校本研修活动，要具备哪些前提、遵守哪些操作原则呢？

一、工作坊研修的意义

教师工作坊是教师自由组合、协同工作、合作攻关的"草根"学习共同体。它以日常教育教学的问题解决为指向，以教育教学活动为情境，以行动研究为基本方法，以同伴互助的反思修炼为特征，通过活动、讨论、短讲等多种方式共同探讨某个话题，是传统教研活动的延伸与拓展。这一研修方式具有如下意义。

1. 为教师的成长提供机会

教师工作坊的研修方式，时代性比较强、新颖，需要教师能够掌握电脑和网络平台的使用方法。学习时间和地点很灵活，信息量大，可以根据视频内容反复

学习和研究，自主性很强，学习不受限制。教师之间的交流和互动随时可以进行，资源共享量大，为教师的成长提供了机会。

2. 利于教师体验和反思

以教师工作坊模式进行校本研修，首要前提是要创立一种平等、民主、真诚、合作、共情的建设性关系。这种建设性的心理氛围有助于教师主动进行自我探索，反省自己的教育教学行为和理念，接受新的理论，在不断反思中得到发展。

体验反思是工作坊研修、培训的核心，在体验的基础上反思，通过反思加深体验。体验与反思结合在一起，促进教师将理论真正内化并转化为有效的教育教学行为，从而发挥促进教师成长的作用。

3. 促进教师走上专业化之路

开展教师工作坊研修的培养方式，培训教师通过与受训教师之间积极的人际互动，引导内部受训教师之间的人际沟通与经验分享，使受训教师在参与、体验和互动的活动中获得先进教育理念与技能的教学方法。

在工作坊中，培训教师借助于创设情境、引发疑问，促使成员之间进行积极讨论，并在适当的时候提供与情境相关的专业知识指导，使受训教师在获得教育心理学理论知识的同时，运用这些知识进行有效的教育教学，从而将知识转化为实际的技能，形成"以学论教"的教学思维，提升其专业化水平。

二、提升工作坊研修效果的前提

教师工作坊这种校本研修方式，无论在教师个人提升，还是在教师群体的专业化成长上，均发挥着积极的作用。又因为校本研修活动具有灵活、自由和人性化的特点，不但适合学校开展，而且可借助网络实现，不受地域影响。不过，作为一种研修方式，要想获得理想的效果，还要注意以下前提。

1. 在获得相关教育行政部门的支持下，注意培训教师的筛选和确定

教师工作坊的研修要获得成功，一方面需要不同层级的教育行政部门支持，另一方面需要有专业技能水平较高的教师做领头人和一些理论与实践水平都比较高的教师做参与者，这是工作坊得以组建的基本要求。因此，教师工作坊的成员

最好要来源于教育教学一线。这就要求在选择领头人和成员时，要将从事本专业的教育教学工作作为前提条件，尤其需要一部分普通教师或青年教师（非名师）的参与，从而体现工作坊人员组成的层次性，为工作坊的深入研究和有效开展提供最直接的师资保障。

2. 要注意准入条件的设定

工作坊的成员要实行条件准入制，即在确定工作室成员条件后，组织人员应该通过答辩、课堂实践、案例评析等方式对志愿加入的申请人员进行考核、认定。因为只有一线教师加盟，有不同层次教师的参与，工作坊的研究才切合实际，研究问题从学校、教师、学生、教育教学实践中来，然后在教育教学实践中寻找答案、解决问题，及时地在教育教学行动中检验、实践、推广研究成果。这样的工作坊，才是真正意义上的工作坊，而不仅仅是研究室、观察所。

3. 注意发挥领头人的作用

工作坊中领头人的作用至关重要。首先，从条件上看，领头人应该做到理念先进，能主动进行教育教学改革，具有较强的教育教学能力及研究能力，基本形成自己的教学风格和教育艺术，教育教学质量高，有一定的管理、组织能力；工作室成员至少应该有自我完善、自我突破、自我发展的愿望。其次，从形式上看，在报名之前要让其认识到参与工作室的目的，以及考察其对所研究主题的了解程度或参与兴趣；要考虑其所处地域对本专业、本主题的需要程度。

4. 注意研究主题的确定

工作坊组建成后，就要开展主题研究活动。为此，要注意研究主题的确定。研究主题要体现前瞻性。事实上，一个工作坊研究活动的成功，首先在于选择着眼于未来的研究主题。因为工作坊的研修目标不仅仅是为了培养一批优秀的教师，更应立足于长远的教育事业。因此，工作坊在设定研究主题时要注意主题的前瞻性，主题要来源于教育教学实践，要关注当前课程改革的方向，关注新时期学生发展的动向，关注本地区教育教学、本学科亮点或存在问题。只有选择这样的一些主题，才可以极大地促进地方教育资源的整合，有效地提高教师研究能力，提升教育教学水平，促进学生素质的发展。

5. 要注意创设和谐共生的氛围

工作坊组建后，要注意培养成员的职责，以创设和谐共生的氛围。首先，工

23

作坊的成员之间要注意体现层次性。因此，在工作坊中要明确每个成员的职责，确立责任制，从而形成工作常规，促进整合发展。同时，工作坊对内要提倡民主，即在活动过程中，不搞"一言堂"，允许自由发声，须知，只有百家争鸣方能百花齐放，智慧的火花是在争论和争鸣中闪现的。

三、工作坊研修活动的操作原则

工作坊开展研修活动时，要注意以下操作原则。

1. 实践性原则

教师工作坊工作指向真实的教育环境，聚焦课堂教学前沿问题、核心问题、焦点问题，立足于回应和解决一线教师的实际困惑，其目的是基于问题的思考，致力于问题的解决。因此，工作坊的研修活动，要遵循基于实践、注重实践的原则，从教师教育教学工作中值得研究的实际问题出发，强化学员对理论与技术工作的理解、掌握和应用，在行动研究中解决实际问题，不断改进教学实践，提高研修的针对性和实效性。

2. 活动性原则

教师工作坊在组织研修活动时，要以活动为中心进行顶层设计。为此，组织研修活动时，可以将课堂划分为若干小部分。其中，讲解仅占一小部分，此外可以设计分类讨论、独立学习、组内互动、组间互动、应用、动手、游戏和实践活动，从而体现活动性原则。

3. 过程性原则

工作坊在长时间的研修活动中，要注意操作过程中项目时间线和评价时间线的确定。尤其是对于不同种类的工作坊来说，一般情况下，可以采用表单管理的形式来组织活动。大型研修活动工作单是集中培训期间由各坊主共同制定的共同的原则性的活动，各坊主在总的研修活动工作单基础上将其细化为具有本地特色的可行的具体活动工作单。因此，工作坊最好形成一个项目手册，里面可以包括文章、量规、计划、任务单等资源。

4. 融合性原则

随着互联网的迅速发展，不同地域的教师或是同一地域的教师，不但可以进行线上的培养，还可以进行线下的培训。因此，工作坊可以通过网络进行课程资源的学习与建设，比如录制微课，发布和组织研修活动，进行教学问题的讨论与研究。同时，工作坊还可以将线下研修活动嵌入项目实施过程中，通过设计与网络研修配合的实践任务，指向真实教学情境，从而实现教师教学能力的提升。

5. 可评估性原则

良好的评估制度利于活动的开展，可以确保研修活动的质量。因此，教师工作坊开展研修活动，同样要制定具体而科学的评估系统。一般来说，教师工作坊研修的考核评估要依据具体的对象而定。通常工作坊的考核对象包括四个层次：一是教师工作坊整体；二是坊主；三是工作坊坊主助理；四是参加教师工作坊研修的所有学员。通过四层考核，实现对工作坊研修的有效评估。

四、工作坊研修活动的操作模式

教师工作坊的研修活动在推行的过程中，主要借助团队互动、深度体验的原理进行操作。我们重点介绍其中两种操作模式。

1. 主题沙龙式

这种操作模式在推行的过程中，主要呈现如下流程：

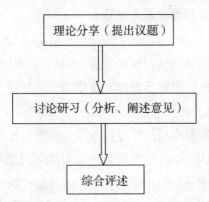

在一般情况下，在借助于该模式进行教师工作坊的研修作业时，坊主需要加强对各教师实际情况的调研，从而科学地制定议题内容、主题，而在公布讨论研习时间之前，坊主要明确议题主讲人，确保其能够引领议题讨论工作的进一步开展，带动整体讨论氛围的提升。

案例

让改变发生——探讨预学下的小学数学探究性学习

主持人：各位老师，大家好，下面是胡静名师工作坊的沙龙活动。本次沙龙的主题是"让改变发生——探讨预学下的小学数学探究性学习"。

为什么要探讨"预学"下的小学数学探究性学习？

我们先来看两个人：

贲友林：南京师大附小教师，著名特级教师，近十年孜孜追求"以学为中心"，撰写《此岸与彼岸》《现场与背后》等著作。

邵汉民：杭州市萧山区的一位老师，一位执着的行者。长达五年的时间里，他带领团队默默而勤恳地实践和研究着"预学后教"，让这个词汇因他们的实际行动而获得了真实生动的骨骼血脉。

我们再来看一个背景：

事实上，当前的教育界，无论是教育教学理论还是教育教学结构或方式都异彩纷呈，但无论是哪一种教学流派，都赞同"以学生的学习为中心"这一核心内容，也就是"以学定教"。在此背景下，我区提出《"三环五步"高效课堂教学模式实践的研究》。五步之中，预学为首、探究为重。

预学下的探究性学习有哪些基本流程？

主持人：

看到这里，可能大家会觉得：从传统的……

新授概念课型怎样进行预学下的探究性学习？

教师甲：（略）

教师乙：关于新授概念课型怎样进行预学下的探究性学习？我想结合《平行四边形的面积》一课来谈一谈。这节课是非常有探究意义的一节课，我的设计思想就是"允许犯错，错中寻对"。我设计的模式就是：预学探究—展示质疑—重点探究—整理总结。

……

2. 课程评析式

这一操作模式可以按下图的流程进行：

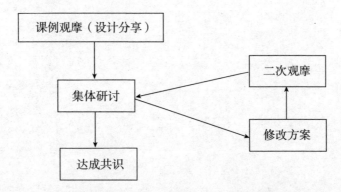

借助于这种操作模式进行教师工作坊研究时，坊主需要对各教师所提交的教学设计进行分析、筛选工作，并从中挑选最具代表性的教学设计作为案例让其他教师学员进行观摩。由于教师对于教学设计往往具有自己的看法，因而坊主在组织集体讨论作业时，需要开展教学设计修改以及二次观摩作业，确保各教师能够对相关的教学设计达成共识，防止不了了之现象的出现。

专题二

教师工作坊的研修流程

　　教师工作坊以主题为研修单元，把传统培训"教的活动"变为"学的活动"，形成"以学习者为中心"的学习模式，成为教师专业成长的平台，合作交流的共同体，研修活动的载体，有力推动了校本研修。而在工作坊的研修过程中，科学地选择和确定研修主题，把握主题研修的步骤，运用科学的方式，是保证工作坊研修效果的重要前提。

主题 1　工作坊主题研修的内涵和思路

校本研修对于教师专业成长和学校发展有着相当重要的意义。要保证校本研修的重要意义，主题研修的成功实施相当重要。那么，在运用教师工作坊这一校本研修的重要方式前，我们首先就要明确何为主题研修，其内涵是什么，运作的思路是什么。

一、主题研修的内涵

主题研修，也称主题式课例研修，具体而言，就是指在一定时间内围绕学校教育教学中的某一个共性问题开展全校性的研修活动，整体推进，分步实施。问题是研修的对象，解决问题是研修的目的和任务。具体来说，可以从以下几方面理解主题研修的内涵。

1. 主题研修产生的背景

自我反思、同伴互助、专业引领是校本研修的三大要素，但这三大要素怎样组合、怎样落实还需要实践探索。实践告诉我们，研修的质量和研修的机制是校本研修中需要解决的两大问题。前者是教师研修的内驱力，如果无法保证就不能满足教师进行研修的愿望和需求，就会影响教师进行研修的积极性；后者则决定着研修的方式、研修的深浅度，以及研修是长期的还是暂时的、是成功的还是失败的。

然而，校本研修绕不过"四题"，即问题、主题、专题、课题。我们之所以进行研修，其目的就是为了解决问题，因此问题解决是我们进行研修活动的核心。正是通过学习、思考、实践等活动，我们不断提高解决问题的能力。因此可以说，"问题"是研究的对象，也是研修的起点，而解决"问题"是研修的任务和直接目标，失去了"问题"，研修就无从谈起。然而，并非所有的"问题"均是值得研究的，且"值得研究"的问题也有大小之分，它们之间甚至会存在互相包含或互相关联的关系，因此要对"问题"进行归类、整理，于是那些具有普遍性和统摄性的问题就成为校本研修的"主题"。正是在这样的情况下，主题式研修产生了。

2. 主题研修与课例研修、课题研修的异同

主题研修的设想要求在一定时间内（一般为 3 ~ 5 年）围绕学校教育教学中的某一个共性问题开展全校性的研修活动，整体推进，分步实施。而这里所说的主题，就是一个学校在一个较长时期内要集中研修的共性问题。它与课例研修、课题研修之间存在着联系，也存在着区别。

（1）主题研修和课例研修的区别与联系。

二者共同点都是以课例为载体，每次研修活动都有主题，这也是主题研修也称为主题式课例研修的原因。不同之处在于，主题研修的主题较大，一般将主题分解为若干专题，每次课例研修围绕一个专题，专题服从、服务于主题；课例研修的主题较小（相当于主题研修的专题），没有共同的主题，每次活动之间没有明晰的逻辑联系。

（2）主题研修和课题研修的区别与联系。

主题既不是一次研修活动要解决的问题，也不是一次活动能够解决的问题，这就需要将主题进行分解，形成问题树，并将所有的问题按照先易后难的原则或者按照其内在的逻辑关系排序，逐个解决。这些逐个解决的问题就是主题研修的专题。

课题研究是校本研修的最高形式，在具体研修活动中，一方面需要组织骨干教师研究深层次问题引领校本研修，另一方面将一个个专题分配给每个教师以小课题的形式研究解决。可以说，课题是带动和引领校本研修走出平庸化和形式主义怪圈的核心，也是让校本研修富有生命力的决定因素。

二、主题研修的思路

主题式课例研修的基本思路是问题驱动、主题统领、专题解决、课题落实。在教师工作坊中进行主题研修时，就要遵循这一思路。对这一基本思路可以进行如下解读。

1. 问题驱动

校本研修的实质就是发现问题、研究问题、解决问题的过程。因此，教师要进行研修，必须要强化问题意识，因为问题意识也是责任意识，只有具有强烈的事业心和责任感的人才可能去发现问题、研究问题并寻求解决问题的办法；问题意识又是发展意识，是对发展的追求；解决问题的过程就是成长的过程。因此，在问题意识的驱动下，教师才能直面工作中的问题，避免只有困惑而没有问题的现象。通过以下方法，可以找到问题，提出问题：

一是自我反思，即从现象入手，多问几个"为什么"就会发现问题所在；二是运用"头脑风暴法"，借助同伴互助，针对具体课例或者根据自己的教学实践找问题，只提问题不做分析，主持人认真记录，然后整理、归类，经过分析以"问题"形式呈现出来就是校本研修要解决的问题。

要提醒的是，教师工作坊中提出的需要解决的问题，是教师自己在课堂教学中遇到的问题，而非他人的问题。这是研修活动有意义的前提。

2. 主题统领

在以工作坊的形式进行的校本研修中，要解决的是课堂教学中的问题，"主题"就是主要问题。明确的研修主题，不仅可以使工作坊的研修活动具有方向性，而且还会产生强大的号召力，集聚教师的研修能量。因此，主题成为研修的切入点和抓手。"方向性"和"切入点"是确定和表述"主题"的两个标准。同时还要注意"主题"的提出要有针对性，要针对课堂教学中突出的、普遍性的问题；确定"主题"前要论证，要符合课改方向和教学规律，确定后要解读，把问题具体化。

3. 专题解决

专题解决是主题式课例研修的基本策略和重要支撑。研修专题即具体的研修任务。这些任务可以按时间落实，可以一个阶段设立某个或某几个专题，逐个解决，步步为营；也可以按照学科组或年级组，分工负责，各个击破；还可以落实到人，形成真正的"人人有课题"研修的局面。

不管是怎样的"主题"，教学设计、教学实施、教学评价这三个课堂教学的大环节是无法回避的。其中，教学设计的重点是教学目标设计，在设计"教学目

标"时就要考虑"教学策略"。"主题"不同，研修的切入点就不同，那么教学
设计的切入点也就不一样。总之，无论从何处切入，都必须精心分解，分解的办
法是将对"主题"的分析与课堂教学中存在的问题结合起来考虑，然后确定若
干个"专题"。

一言概之，"专题"是具体的明确的问题，具有阶段性、层次性和可操作性
的特点，"专题"应服从和服务于"主题"。

4. 课题落实

"课题"研究具有规范性和专业性。严格的过程管理、严密的操作流程、严
肃的成果审定，课题对研究者给予了较高的专业素质要求和成果期待。"课题落
实"就是以"课题研究"的方式来落实"专题解决"的研修任务。

一般来说，"课题"有两类：一类是组织骨干教师对"主题"下的教学策略
展开研究，主要是解决认识层面的问题，引领全体教师研修，并申报某一级的规
划课题；另一类是每个教师认领一个"专题"作小课题研究，研究解决具体的
实践层面的问题。一部分小课题可以申请市县立项，以便得到较为专业的指导、
管理与评审，大部分小课题则以"校本研修任务"的形式来落实。

主题2　工作坊研修主题的选择

明确了工作坊主题研究的内涵和思路，接下来我们就要清楚工作坊研修主题
的选择和运用，这是开展工作坊研修活动的关键。事实上，教师工作坊研修主题
的选择是否合理，直接决定着研修的内容、目标以及研修的最终成效。因此，研
修主题的选择至关重要。那么，如何选择研修主题呢？

一、从教学中寻找研修主题

教师工作坊具有共学、导教、引研三重性质，因此要求坊内教师通过共同学

习、交流研讨的方式直面教育教学中的问题，其学习研讨的结果对解决教育教学问题有直接的指导价值，并可以此进一步引导教师展开教育教学问题的课题研究。因此工作坊的研修主题要来自教师日常教育教学，问题要在教师最近的专业发展区内，而且要有层次性和逻辑结构。

为此，在学期初，学校就要搜集每个教师教育教学和教研中的问题和困惑，了解某些共性问题，确定本学期着重要解决哪几个，而当下亟须解决的主要问题就成为教师工作坊研修的主题，即校本研修的主题。这其中的关键点就是如何从教育教学中发现问题、提出问题，并将其作为工作坊的主题。如何找呢？

案例

某小学组织的教师工作坊针对新教师就"课堂教学中遇到的问题"这一主题开展了一次头脑风暴活动，共梳理出 30 个问题，各学科的教师工作坊的教师根据教学实际，各选择一个最困扰自己的问题作为研修主题，开展工作坊的研修活动。如"英语课堂教学氛围营造""学生注意力培养""小学中年级语文阅读能力的提高方法"等。每个工作坊通过研修活动，都找到了解决这些问题的方式与方法，解决了困扰新教师成长的难题，实现了使之较快成长的目的。

1. 从教育教学的"两难"情境中寻找

在教学中，我们经常遇到"两难"的情境，有时甚至贯穿教育教学过程的始终。这些"两难"情境在教育教学中通常包括：一是理想与现实的差距，即教师的设想、计划和实际效果之间存在差距。比如教师清楚要关注全体学生，也要顾及每个学生的个性发展，但在实践操作中却往往只关注了个别学生的兴趣，于是就可能妨碍到学生集体。二是价值取向之间的对立。教师与学生、学生与学生、教师与家长等在目标之间或价值取向之间存在冲突与对立，比如教师为了进一步提高教育教学质量，改变过去课堂上满堂灌的教学情形，在课堂上不断进行新的教学方法的尝试，但学生家长却不认同，认为是教师在出风头，担心影响到学生的学习成绩。

总之，这些"两难"情境教师几乎天天都会遇到，并且找不到解决问题的现成方法或模式，因此可以将其作为研究对象，在研究过程中逐渐找到并削弱其阻滞因素，搞活课堂的有效对策。

2. 在具体教育教学情境中捕捉到的问题

不同于专业研究者，中小学教师始终生活在教育教学的现场，是在现场中感受教育实践、生发教育理念、提升教育智慧。而教育现场是教育问题的原发地，是问题产生的真实土壤。进入教育现场的教师对教育现场做的任何真切而深入的分析，均会催生大量有待研究的问题。可以说，真实的教育实践场景不但是进行研究的主要依托，同时也是发现问题的重要所在。真实的教育场景蕴含了大量有待研究的问题。

二、从关联教师发展的瓶颈问题中寻找研修主题

教师在工作中进行研修的根本目的是助推其专业成长，因此，一般学校校本研修的重要内容之一就是培养青年教师、培养骨干教师等。由于不同发展阶段的教师所面临的问题不同，当工作坊模式运用于教师培养时，其主题就一定要和教师专业发展中遇到的瓶颈问题相关联。

 案例

"新教师专业实践知识工作坊"研修主题

阶段	问题模块	工作坊主题
起航	教学设计	教学流程设计、情境设计、问题设计、活动设计、练习设计、评价设计、板书（PPT）设计
	组织融入	心理调适策略、专业发展SWOT分析、专业交往策略
合格	课堂管理	教师情绪调控策略、教学语言有效沟通、课堂观察技术、学生状态调控策略、突发事件应对策略
	学生辅导	常见的学生心理问题的辅导方法、课外活动常见问题的干预策略
升格	课程管理	课程标准的解读、教材资源的开发、三级课程的开发、网络资源的开发利用、微课的设计与操作
	教研反思	集体备课指南、教学反思策略、科研课题挖掘

这是"新教师专业实践知识"工作坊研修主题。从表格中可以看到，工作坊将此研修主题划分为三个阶段，分别为起航、合格、升格，每学年完成一个阶段，以保证研修的深度。"起航"阶段重点在于帮助新教师解决怎样将职前

教育中获得的知识转化为专业实践中生成的个人实践知识问题。在这样的研修氛围中，教师学习得轻松，知识的转化就变得轻松，从而降低了新教师的焦虑情绪，以帮助其尽快解决困难，适应工作。"合格"阶段是指在新教师做好心理准备，并具备了一定的专业知识与技能后，帮助其获得稳定和发展。"升格"阶段则侧重解决新教师专业实践应用与实战能力的提升，从而使之尽快达到娴熟的水平。

案例

某中学的 A 老师在教学中发现自己走进了固定的教学模式，却走不出来，不能形成具有自己风格的教学特色。为此，她和她所在的工作坊的成员就将"小学英语单词课文新授课模式流程研究"作为研修主题，从最基础的课堂入手，通过不断打磨实践，研究出教学环节新颖、学生兴趣浓厚的"单词课文课"新模式。

三、从学生需求中寻找研修主题

工作坊研修主题也可以从"学生的实际需求"着手寻找并确定。比如可以从教学的基本环节——备课、上课、批改作业和辅导学生中寻找。须知，"以学论教"是对教学效果评价的唯一标准。为此，教师要注意在平时搜集教学中学生存在的学习问题，经过筛选明确问题的价值。以此确定的教研活动主题，才有可能解决实际问题。

1. 从培养学生学科能力出发确定研修主题

我们知道，培养学生的学科能力与素养是校本研修的一个重要方面。那么学生的哪些学科素养与能力已经形成，哪些亟须养成，我们又该从培养学生哪种能力入手，就成为需要思考的问题。这些问题就是工作坊研修主题确定的目标之一。

案例

某小学的语文教师工作坊，针对"一二年级学生亟须培养的学科能力有哪些"这个问题开展了头脑风暴活动，从听、说、读、写等7个方面共找出了26种学生亟须培养的语文学科能力，然后每个老师根据自己的教学实践，把这26种亟须培养的学科能力进行排序，汇总结果。经过分析，确定将"不爱读书，不会读书""读书拖长声，唱读，没有感情朗读"作为要解决的问题，从而将"有感情朗读课文指导"确定为本学期工作坊的研修主题。

2. 从关注学生学习经验入手确立研修主题

《基础教育课程改革纲要》提出："改变课程内容'难、繁、偏、旧'和过于注重书本知识的现状，加强课程内容与学生生活以及现代社会和科技发展的联系，关注学生的学习经验。"因此，不妨以此为依据来发现并确定研修主题。

案例

W 老师发现当前学生学习物理难的主要原因是学生的课余时间多被各种辅导班、电视、网络游戏占用，而对生活中的现象缺乏基本的观察，造成了感性认识的缺失，使学生失去了物理学科的学习基础与经验。为此，她将这个问题提出来，经工作坊成员们共同研究讨论后，将学期研修主题确定为"生活观察课程的开发和课堂实施策略"。

四、从教学重点和难点中寻找研修主题

确定工作坊研修主题时，还可以从教学重难点的突破中进行遴选。为此，教师在平时的教学活动中，要注意在教学重点、难点上多琢磨，研究课程标准和教材，抓住重点、突破难点，就可以让工作坊的研修主题在此过程中孕育而成。

主题 3　工作坊开展课题研修的步骤

　　课题研修是工作坊组织活动的主要内容，因此，在组织相对应的课题研修时，坊内活动要遵循一定的步骤展开，如此才能让活动具有科学性，保证坊内活动的效率，进而达到工作坊的活动目的。

一、主题研修的程序

　　教师工作坊作为一种越来越流行的提升自我的学习方式，其活动程序基本以一种固定的模式确定下来。一般而言，工作坊通过活动讨论、短讲等多种方式，共同探讨某个话题。在活动的开展上，一般遵循以下程序。

1. 资讯分享

　　这是工作坊开展活动的第一个步骤。所谓资讯分享就是必须将原有的基本资料共同分享。借助于这样分享的过程，工作坊成员可以将每个人所持有的资讯、讨论成果互相分享，从而让每个人都可以在平等的立场下共同讨论、交换意见，达成共识。

2. 小组提案设计

　　这是工作坊开展活动的第二个阶段，主要是利用分组讨论的方式，让工作坊成员可以继续相互讨论。借助于小组讨论的过程，工作坊成员之间可以相互交流意见，进行头脑风暴，共同创造，进而形成凝聚意识的同时，拉近成员之间的关系，从而有利于活动的顺利进行。

3. 全体表达意见

　　这是工作坊开展活动的最后阶段，也是各小组发表意见的时机。在这一阶段，各小组在发表意见之前先要求小组成员之间共同讨论出成果，与其他小组互相交流。可以说，在这一阶段，随着各个小组的价值观与立场的不同，成员之间可以站在客观的角度来分析事情，从而达到沟通协调，共同思考出一个最适合的方向，延续伸展至之后的活动上。

当然了，尽管教师工作坊的活动程序与架构基本确定，但由于工作坊的议题的不同，其操作与开展的方式也要相应地进行调整，但是基本上，基本的活动程序与架构是不变的。

二、主题研修的展开

教师工作坊是以主题的形式展开研修活动的。那么，工作坊的研修活动是如何展开的呢？

案例

一、主题研修活动的主要目的

（1）实现理论与实践相结合，以巩固和加深对新课程和新课程理念的理解，做到学以致用。

（2）发现和解决研修教师在学习提升和教学实践中碰到的实际问题，提高教师课堂教育教学的有效性，促进教育教学质量的提高。

（3）引领研修教师开展教育教学研究，使其学会总结教育教学研究成果和撰写教育教学论文，提高教师开展教育科研工作的能力，促进教师专业化发展。

二、主题研修活动的流程与要求

1. 研修主题资源

根据普通高中阶段性工作特点、一线研修教师需求，由坊主或三人行主持团队设计公布研修主题。也可由研修教师设计提供研修主题，供大家选用。

2. 选择研修主题

每位研修教师根据自己的实际情况，在备选研修主题中至少选择四个研修主题并开展活动。

3. 网上研讨交流

针对自己所选定的"研修主题"，教师在坊主或专家导师的组织下积极在微博、QQ群或日志中与同伴交流讨论，并收集适合自身需求的有价值资料，保存到自己的"研修日志"中，特别重要的可收藏在"我的收藏"中，作为进一步研修的参考资源。

4. 撰写研讨文本

结合自己研修活动并针对自己的教学进度和学情，约请备课组全体教师对自己所选的一节课内容，开展主题，集体备课，撰写一篇集体备课活动文本。

5. 教学实践研究

在所教班级内按照自己的教学设计实施教学活动，积极在线下与学校教师进行研讨交流，并记录自己在教学活动中的感悟、心得、收获及学生的反应，并发在自己的"研修日志"中。

6. 总结研修成果

总结自己研修、教育教学成果，撰写一份研修案例反思。学员撰写研修成果总结时，要充分总结和提升各自的教育教学经验，高度重视自己的个性特色，内容不少于 2000 字。严禁抄袭。

三、研修主题及时间安排

根据不同的研修阶段，由坊主和三人行主持团队针对学习课程和研修教师关注的问题确定阶段研修主题。结合阶段性研修重点，着重从以下几个角度开展网络主题研修。

1. 第一阶段

（1）研修主题：建构研修网络，搭建学习平台。

（2）研修时间：2017 年 11 月 18 日至 12 月 21 日。

（3）熟悉研修网站，掌握操作方法。

①全体研修教师：登录工作坊网站、了解方案和自己的个人空间；学会网络平台操作指南；开班研讨，自我介绍；建立研修小组，选举小组组长。

②分角色活动：全体研修教师体验个人空间，上传研修资源、日志、参与主题研修活动，下载资源；坊主和三人行主持团队开展网络研修平台操作培训。督促研修教师网上操作。发布主题研修方案及分阶段活动安排，网上答疑。

③阶段小结：工作坊简报。

2. 第二阶段

（1）研修主题：应用技术，实施教学。

（2）研修时间：2017 年 12 月 22 日~2018 年 4 月 12 日

（3）学习课程，了解资源，实践研修。

①全体研修教师：各组选派研修教师参加课堂教学研究活动，呈交一节课堂教学实录；研修教师集中观课、磨课，充分发表各自观点，课堂展示教师提交说课稿；研修小组组长提交一份磨课反思，并代表全体组员现场陈述；上传推荐的两节课堂实录到教育部"一师一优课、一课一名师"网站。

②坊主和三人行主持团队：以本工作坊教师的两节课堂教学实录为例，组织全体研修教师观课、磨课，从不同角度进行课堂诊断，并提出打磨这两节课的中肯意见，指导献课教师修改瑕疵；站在高校和专业研究的角度点评这两节课，梳理本工作坊研修教师在"以学施教"中的优缺点，组织专题研讨活动；现场答疑；总结前阶段研修学习得失，提出下一阶段研修要求。

③阶段小结：工作简报。

3. 第三阶段

（1）研修主题：突出阶段工作特色，认真解决现实问题。

（2）研修时间：2018 年 4 月 13 日～5 月 30 日。

（3）学习课程，了解资源，实践研修。

……

由上述案例可以看到，工作坊主题研修活动的展开，要按一定的步骤进行，如此方能条理清晰、效率提升，达到研修的目的和效果。

1. 明确主题，清楚目的

工作坊开展主题研修活动之前，首先要确定研修活动的主题，明确研修活动的目的。上述案例就从三个不同阶段确定了研修的主题，分别是："建构研修网络，搭建学习平台""应用技术，实施教学""突出阶段工作特色，认真解决现实问题"。围绕这三个主题，明确了工作坊研修活动的目的："实现理论与实践相结合，以巩固和加深对新课程和新课程理念的理解，做到学以致用。""发现和解决研修教师在学习提升和教学实践中碰到的实际问题，提高教师课堂教育教学的有效性，促进教育教学质量的提高。""引领研修教师开展教育教学研究，学会总结教育教学研究成果和撰写教育教学论文，提高教师开展教育科研工作的能力，促进教师专业化发展。"

2. 研讨交流，撰写文本

确定主题后，坊内成员在坊主和组长的带领下，针对主题展开研讨交流。在交流过程中，可以根据主题的不同，采用不同的交流方式，如"案例展示＋评析""共修＋讨论"等等。在不断的研讨学习中，找到自己的思路，确定解决问题的方法，然后撰写成文本。

3. 学习提升，理论付诸实践

在撰写文本，将实践理论化后，要做的就是将研讨的成果付诸实践，使理论实践化。为此，可以将坊内的研修成果在教学中加以运用，可以采用教学观摩的方式，明确理论付诸实践的效果，并在观摩后进行讨论，从而提升研修的效果。

需要注意的是，工作坊在开展研修活动之前，一是要将坊内成员划分成若干个小组，选定组长，明确职责。要注意的是，组长的选定有讲究，通常的情况下，要由教研室主任、教研员、副校长、优秀骨干教师担任，年龄不能偏大。有积极性、年龄大的做副组长，以对组长的工作予以支持。二是要建立 QQ 群与微信群。其中，QQ 群包括：大群、组长群、小群、添加继续教育网的工作人员。三要选好坊主助理，以协助坊主和坊内成员解决问题，进行活动的通知等。

主题 4　工作坊开展课题研修的方式

课题研修方法主要是指教育研究方法，它回答如何研究的问题。根据各种研究方法所起的作用不同，课题研修方法大致可以分为两大类：一是收集研究数据资料的方法，如调查法、观察法、测量法、文献法等。二是旨在改变和影响变量的方法，如实验法、行动研究法。前者主要在于获得对象的客观资料，而不给予对象任何影响，后者主要在于通过施加某些干预而获得某些期望的结果。不过在实际的课题研修中，一些研修可能采用单一的研究方法，一些研修则可能采用多种方法。

在教师工作坊的研修活动中，主题研修大多采用以下研修方式。

一、案例研修法

何为案例？一般认为，案例就是对现实生活中某一具体现象的客观描述。教育案例实际上就是对教育活动中具有典型意义的，能够反映教育中某些内在规律或某些教学思想、原理的具体教学事件的描述、总结分析，通常是课堂内真实的故事，教学实践中遇到的困惑的真实记录。对这些"真实记录"进行分析研究，寻找规律或产生问题的根源，进而寻求解决问题或改进工作的方法，或形成新的研究课题。在案例法的研究中，研究者自身的洞察力是关键。采用这一方法进行课题研修时，要注意以下几点。

1. 选取案例要注意典型性、代表性、真实性、完整性

将这一点展开来说，就是工作坊在以案例研修的方式活动时，对案例的选取要具备以下条件。

首先，教育上的案例首先表现为一个事件。但是能够作为案例的事件必须要具备这样两个基本条件：一是在事件中必须要包含有一个或多个疑难问题，同时也可能包含解决这些问题的方法，换句话说，没有问题值得探究的事件不能称为案例；二是这个事件应该具有一定的典型性，通过这个事件可以给人带来许多思考，带来应对同样或类似事件的借鉴意义和价值。

其次，案例讲述的肯定是一个故事，并且许多情况下讲述的是一个有趣的故事，其中会有一些生动的情节、鲜活的人物。作为案例的故事至少应该具备这样两个条件：一是这个故事必须是一个真实的事例，不能是编制者自己凭空想象杜撰出来的，没有真实发生的故事不能作为一个案例；二是这个要有一个从开始到结束的完整情节，片段的、支离破碎的、无法给人以整体感的故事不能成为一个案例。

最后，案例研修中的案例要注意独特性和代表性，即教师工作坊以案例研修的方式进行活动时，要注意选有典型性和代表性的案例，要让案例能集中代表教学或教育中的某一极具代表性的现象或问题。

2. 案例研修后要注意研修报告的叙写

在选定案例进行主题研修后，还要对案例进行具体的叙写，以达到课题研修的目的性。为此，除满足以上选取案例的要求外，还要在案例的叙写时具备下列

条件：

（1）遵循描述的原则，即案例的描述中要包括有一定的冲突。

（2）案例的描述要具体、明确，而不应是对事情大体进行笼统描述，更不应对事情所具有的总体特征做抽象化的、概括化的说明。

（3）描述中要把事例置于一个时空框架之中，也就是要说明故事发生的时间、地点等。

（4）事例的描述，要能反映出教育教学工作的复杂性，揭示出人物的内心世界，如态度、动机、需要等。

（5）事例的描述要能反映出故事发生的特定的背景。

3. 案例的研修报告要注意明确的结构

在以案例研修为方式的工作坊活动中，还要注意在叙写研修报告时，要注意案例叙写的结构。须知，结构也是主题研修活动的运行程序。一般来说，每个完整的案例大体包括以下四个部分。

（1）主题与背景。

即每个案例都提炼出一个鲜明的主题，它通常应关系到课堂教学的核心理念、常见问题、困扰事件，要富有时代性、体现现代教育思想和改革精神。

（2）情境描述。

即案例描述应是一件文学作品或片段，而不是课堂实录，无论主题多么深刻、故事多么复杂，它都应该以一种有趣的、引人入胜的方式来讲述。案例描述不能杜撰，它应来源于教师真实的经验（情境故事，教学事件）、面对的问题；当然，具体情节要经适当调整与改编，因为只有这样才能紧紧环绕主题并凸显讨论的焦点。

（3）问题讨论。

即首先可设计一份案例讨论的作业单，包括学科知识要点、教学法和情境特点，以及案例的说明与注意事项。然后提出建议讨论的问题，如学科知识问题、评价学生的学习效果、教学方法和情境问题、扩展问题。

（4）诠释与研究。

即对案例做多角度的解读，可包括对课堂教学行为做技术分析、教师的课后反思等，案例研究所得结论可在这一部分展开。这里的分析，应回归到对课堂教学基本面的探讨才能展现案例的价值。最后，案例可以是单个的，也可以是多个的，例如横向的差别比较、纵向的改变和进步，各有不同的作用。

二、实验法

所谓实验法，通俗地说，这是一种先想后做的研究方法（相对来说）。所谓想，就是从已有的理论和经验出发，形成某种教育思想和理论构想，即假说（也可以称之为假设）；所谓做，就是将形成的假说在积极主动、有计划、有控制的教育实践中加以验证，通过对实验对象变化、发展状况的观察，确立自变量与因变量之间的因果关系，有效地验证和完善假说。

1. 明确课题研修中实验法的含义

教师工作坊中采用的实验法，实际上就是教育实验，这一课题研究的方式必须遵循伦理原则、有限控制、控制下的形成性等特征。具体来说，它具有以下含义：

一是教育实验必须确立自变量与因变量之间的因果关系；二是教育教学实验必须科学地选择研究对象；三是教育教学实验也必须控制和操纵实验条件。

2. 清楚课题研修中假说和变量的含义

课题研修中的"假说"，就是根据事实材料和一定的科学理论，预先对所要研究问题的因果性和规律性做出一个推测性论断和假定性解释。假说的形成是一个理论构思过程。一般经过三个阶段：发现问题—初步假设—形成假说。

课题研修中的"变量"，包括自变量、因变量和无关变量三种。自变量，又称作实验因子或实验因素，由实验者（即工作坊中的参与教师）操纵，由实验者自身独立的变化而引起其他变量发生变化。比如，要对不同教材对学生的学习影响进行课题研修，那么教材就是实验自变量。因变量就是一种假定的结果变量是对自变量的反应变量，或称为"输出"，是实验变量作用于实验对象之后所出现的效果变量，必须具有一定的可测性。无关变量，也称"控制变量"，是指不是实验所需要研究的、自变量与因变量之外的一切变量，比如针对不同教材对学生的学习影响进行的课题研修，那么教材之外的教师水平、学生原有基础、家教、学习时间等一切可能影响教学效果的因素，它们均属于无关变量，对它们的控制相当重要。

三、集体研讨法

何为集体研讨法？所谓集体研讨法就是集体讨论法，就是工作坊的全体成员都参与到同一个主题的讨论中，通过集体讨论，找到解决问题的方法和策略。一般来说，集体研讨法包括以下几种。

1. 深度会谈

深度会谈不但是一种集体讨论时的理念，也是一种互动方法，在运用集体讨论方法时，要将这一方法作为一种理念，并倡导在集体讨论中，敞开心扉，坦诚相见，通过参与者相互之间不同意见的比较，揭示出个人难以发现的影响事物发展的深层次的元素。这种深度会谈会达到集思广益的效果，参与教师可以无所顾忌地将心中所想尽情讲出，讨论的气氛是平和的，思考是深刻而又严密的，使问题的深入成为集体发自内心共同参与的过程。

在深度会谈中，参与者间不存在胜负之分，人人都是赢家，从不同意见中获取创造性。要注意的是，这种集体研讨法可能出现的问题是，讨论结束后有些参与者可能受到伤害。原因在于讨论中大家深度敞开心扉，完全不设防，但当回到现实工作状态，有可能计较他人心底中的一些想法，不能接受甚至产生对抗情绪，由此造成相互间的伤害。这就要求参与者每个人都必须充满善意，视参加者为伙伴而非对手，着眼于问题的解决。

这种研讨方法的步骤包括：

首先，活动的主持人要熟悉深度会谈的理念和方法，并在工作坊讨论开始时向所有与会者讲明会议的讨论理念及方法。

其次，要明确会议主题（运用此种讨论方法进行研修的主题一定是非常有挑战性的题目），接着在主持人的引导下参与者们围绕主题敞开自己的心声（此时集体处于一种思维汇集状态），对相互的观点进行缜密的比较，发现彼此思维之间的不一致并推动讨论的深入。

最后，主持人适时跳出"深度会谈"状态，对集体讨论的结果进行总结并予以明确。

2. 讨论法

讨论法是集体工作中经常使用的方法，既可以用于信息的交流，也可以用于问题的研究。这种方法在形式上有时像打乒乓球，有发球，有接球，你来我往，经常是个人提出不同的看法并加以辩护，对不同的声音感到不安，不断强化个人的意见，最终要统一认识，希望个人看法获胜，被群体接受。

运用这种方法进行工作坊研修活动时，要注意以下两个问题。

（1）讨论中的"胜负"感。

当涉及参与者的利益时，有可能出现两种不好的倾向：一是为了不伤害他人，不说重话，影响讨论深入进行；二是为了维护个人的利益，固守己见，听不进别人意见同样妨碍讨论深入进行。面对上述问题，应使参与者们明了集体讨论的结果是集体的创见、集体智慧的结晶，不能简单地看作是某人或某些人的胜利。

（2）事先缺乏准备。

参与者对讨论的主题缺少了解，匆忙上阵，说一些无关痛痒、似是而非的话，使"讨论"变得效率很低。对此，讨论的组织者应事先向参加者发会议议题，使大家有比较充分的时间进行准备和思考，使讨论真正成为不同意见的比较过程，推动集体认识不断深入，使集体决定更加符合客观实际。

采用讨论法进行工作坊的主题研修时，也要遵循一定的步骤：

首先，坊主助理要事先通知坊内成员讨论的主题，明确坊内活动的目标。

其次，在活动中，主持人要调动大家的积极性并确保每个人发表意见，同时提醒大家在倾听他人意见的基础上对多种意见相互比较（注意应对事不对人，倡导激烈争论，反对意气用事）。

最后，主持人要及时对讨论的成果进行总结，并在活动结束时明确讨论结果。

3. 头脑风暴

所谓头脑风暴，又称脑力激荡法，这是一种短时间内激发尽可能多创造性思维的团队活动方法。在工作坊开展的主题研讨活动中，可以在小组讨论时运用这种方法激发大家的智慧，使集体产生解决问题的创意。

要注意的是，在运用这一方法时，集体追求观点和意见的数量和创意，而非正确性。因此营造热烈、宽容、支持的小组气氛是让坊内活动成功的重要条件。同时，这种方法容易出现的问题是，活动中的强者和相对权威对会议结果影响比较大。应对办法是主持人鼓励并创造时机让活动中的弱者把心中的想法讲出来，大家均有机会发表自己的看法。

这一集体讨论方法的运用步骤是：

首先，主持人简明扼要地阐明问题，鼓励所有的人积极思考，贡献观点。

其次是小组自由发言，专人记录，在发言过程中，不允许批评和质疑，但可以补充和完善，直至穷尽所有人的所有观点。

最后是主持人解释和说明，合并同类观点找出共性问题。最后是小组成员展开充分讨论，形成小组一致意见。

4. 团体列名法

团体列名法也是一种比较常用的集体讨论问题的方法，这种方法强制性要求参加坊内活动的成员之间是完全平等的，大家对问题发表自己意见的机会是一样的，这种方法比较好地解决了讨论和头脑风暴方法中相对强者对会议的垄断，有可能存在的问题是，讨论中意见的碰撞可能不是很充分，影响讨论的深入。一旦出现这样的情况，最好的解决方法就是将这一方法和讨论或头脑风暴方法混合使用。

团体列名法的操作步骤是：

首先，小组围坐，主持人说明议题，鼓励大家积极思考，贡献思想。

接下来，在限定的时间里，小组成员独自把自己的意见顺序排列，写在纸上，其间不许讨论，主持人指定一人开始发言，仅讲自己的第一条意见，然后转到下一人，也讲其意见的第一条，如自己的意见别人已讲过，不再重复，讲别人没讲过的意见。有一人负责将大家的意见逐条编号写在白纸上。一轮一轮进行下去，某一成员没有新意见了，就越过，直到所有成员的所有意见都讲出来为止。别人发言时，不允许对提出的意见进行评论。小组成员对每一条意见进行讨论，如有不清楚的可以提问。请提出意见的人进一步澄清解释，说明含义。如有重复意见可以合并，新的意见可以加上去。

最后，所有成员根据自己认为重要和准确的程度从全组列出的意见中选出若干条（例如五条），并排列打分（例如排在第一的给 5 分，排在第五的给 1 分），全组把分数相加，得分最多的前五项即为集体的意见。由组长公布最后的结果。

5. 六面思考法

所谓六面思考法，就是指看问题要有不同的视角。集体讨论中要交替运用这些不同视角看待问题，分析问题，通过六个方面进行极端的思考，得到对问题的完整认识。

（1）定规则：如何对问题进行讨论？

讨论时与会人员运用这种思考方法来组织和管理讨论的过程，明确讨论的目标，制定讨论的规则，维持小组纪律，控制研讨的进程。这种思考提醒大家集中注意力到某一具体问题上，反思讨论是否在正确的轨道上进行。必要的时候，得出阶段性的结论并明确下一步努力的方向。

（2）谈直觉：对要讨论问题的第一时间有着怎样的想法？

此时，与会人员感受自己对面临的问题的主观感受，而不要做解释和评判，只是未经理性分析的直觉感受。其目的是让与会者如实地表达出感觉，而非下一个结论。因此，所有的人都不能说"不知道"这样的话。每个人可以把自己中立的、怀疑的、没有把握的感觉表述出来，须知，在很多情况下，直觉和预感也是十分有益的，当我们想直截了当地表达自己的感受时，往往会因许多原因难说出口，如果强制性地要求一个人将其说出来，那么这个人心理上的压力会大大减轻。

（3）搜信息：还有哪些客观事实和信息没有考虑到？

实际上这就是为解决问题而确定现有的信息是否够用，还应得到什么信息，怎么得到这些信息。这种方法通常是在思考过程的一开始使用，以提供思考的背景，另外也应用于思考过程的结束，检验我们得到的结果与现有的信息是否吻合。直接目的在于搜寻和展示信息，它的另一种表述是："请只给我事实，不要给我论点。"

（4）鼓士气：积极方面是什么？

这是一种积极正向的方面。此时可以评价一个意见的价值和优点以及这一建议可以带来什么好处，肯定别人的观点，对别人的意见给予完善和补充。它会在经验、可靠的信息、逻辑推断和判断的基础上对自己积极的评价给予说明，给人以希望和信心。这种方法最重要的意义在于它始终都采用了一种建设性的思考，它永远都是面向未来，为人们描绘一幅图画，鼓励大家积极向前推进。

（5）找差距：还有哪些问题？

使用这种思考方法意味着谨慎小心，从可能出现的问题角度对研修问题的解决方案进行评价，分析可能会出现什么问题，潜在的困难可能会是什么。它可以阻止我们去做那些不合法的、危险的、无利可图的、对组织有危害的事情。与会者经常要问自己的一些问题：如果我们采取这个行动，会发生什么？行动的结果是我们可以承受的吗？我们有足够的能力和条件（资源）去完成这件事情吗？别人（竞争对手）对此会有什么反应？我们会在哪些地方出问题，潜在的危险是什么？

（6）创新篇：还有更好的办法吗？

这种方法强调创意思考。为克服面临的问题我们有什么创意和建议，怎样突破思维定式的束缚，从新的角度提出问题、分析问题，得到新的启迪，找到解决问题的新方案。使用这一方法的意义在于我们确定了创意不再是组织内少数聪明人的专利，贡献自己的想法是每个人的职责和应尽的义务。

要注意的是，这六面思考法在工作坊的集体讨论使用中容易出现的问题是：一是讨论开始不能明确说明并使用第一方面的思考方法，导致会议进行得无序和混乱；二是忽视第二个方面的思考，丢失了拓展思考的机会；三是对第三个方面的思考在时间上不能给予充分的保证，快速地过去了，使得对事物的认知不全面不具体；四是第四和第五两个方面的思考流于形式，无论是肯定还是批评都不能说道点子上，使讨论不能深入。

六面思考法在工作坊的活动中，要注意遵循以下步骤：

首先，主持人宣布使用第一种思考方法（要求与会人员事先已熟悉"六面思考法"）；接着全体与会者共同讨论会议进行的日程和方法，主持人明确会议日程安排，依次进行其他各种思考方法；最后，主持人引导对各种思考方法形成的结果进行汇总并形成最终结论。

专题三

工作坊研修模式一：系列跟进式

　　基于问题解决的系列跟进式研修模式是工作坊组织教师专业学习的集体活动，这种模式对于提高学生的学习质量，提升教师的教学水平，有效地促进教师的专业发展起到了极其重要的作用。

主题1 系列跟进式研修模式的特点及作用

系列跟进式教研，也称持续跟进式，也就是反思性课例研究，是指根据研究计划，在一次、再次、不断滚动递进式的实践研究过程中，同伴互助，互相引领，优势互补，形成坊内集体跟进研究的态势。

一、系列跟进式研修模式的概念

所谓系列跟进式，就是根据研修目标，将过程划分为若干个阶段，每个阶段再设计若干研修主题。每实践到一个阶段就进行反思、总结和交流，然后再进行下一步的跟进。

这一研修展开方式可以采取分层次"反馈循环"的方式。这种方式一般针对有一年教学实践的教师。具体环节实施如下。

第一步：主题讲习。

主持人围绕主题带领参与者研讨学习。在此过程中，主持人可以针对教学实践和教学经验，提出教师共存的弱项问题，然后将问题集中。

第二步：案例分享。

主持人提供案例，参与者针对专业实践问题思考、交流、感悟。这一环节中要注意选择针对性问题作为案例，这样的讨论和分享有具有代表性和针对性。

第三步：问题会诊。

某参与教师提出自己的问题，工作坊成员在主持人的领导下讨论交流，思考解决问题的策略，主持人最终诊疗。

我们可以将以上过程用下图表示出来：

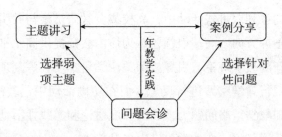

这种系列跟进式运用模式，尤其适合于新教师的成长，这是因为公共知识向个人知识的转化是螺旋上升的，这种活动流程的层次"反馈循环"的方式，可以促进教师个人实践知识的生成。要注意的是，有关新教师培养的工作坊倘若采用这种系列跟进式开展研修活动，其主持人可以是新教师传帮带的结对教师，还可以是从新任教师中选择成长迅速的教坛新秀，因为这些教师更能体会到新任教师发展中的困难，从而可以更好地贴近新任教师。具体来说，这种运作方式通常第一年要整体实施，第二年分层进行，重点突破。

二、系列跟进式研修模式的特点

系列跟进式工作坊研修模式，要求每实践到一个阶段就进行反思、总结与交流，再进行下一步的研究。因此，这一研修模式具有如下特点。

1. 形成教研的共同体

系列跟进式研修模式，可以让工作坊中形成教研团队，而这是进行教学改进的基本保障。在工作坊的研修活动中，团队研究教学难点热点，有利于汇集每位教师优秀的实践经验和智慧，解决自己的问题。教师间是同伴合作关系，在分工合作的基础上，资源共享、经验分享，还有助于促使教师把新学知识与自身教学实践相结合，有助于教师在继承的基础上创新。

2. 聚焦困惑，专题教研

教师工作坊在课程实施中，从学科本质和学科思想方法的落实出发，收集日常教育教学中的共同困惑，形成专门研究题目，也就是我们所说的专题。借助于坊内活动，深入研究和实践解决一个教学困惑，提高教师教学研究水平、解决问题的能力，这有利于提高教师解决困惑的自信，有利于解决其他教学问题。

3. 专家引领，深度互动

在工作坊内的系列跟进式活动中，高校或者教研员参与并引领坊内教师群体进行教研，从而把握方向、高端引领，并为坊内教师提供高水平的专业支持，这就要表现在传授新的教学理论，引导教师关注学科本质，深刻理解教学内容，并从新的视角对于现行教学实践进行反思。而在坊内活动中，教师能够深度参与，以解决学科问题和教学策略问题为核心的深度讨论和实践性活动，有利于每位教师在思维碰撞中拓展认识，在教学改进中提升能力。

4. 实践内化，反思加工

运用系列跟进式研修模式，坊内教师在研究和实践的过程，将教育理念和理论知识自我内化、自我建构，这是对学科教学内容的再认识。须知，知识不等于能力，听"懂"了，认同了，不等于会应用，在实践后反思，可以让教师及时对教与学的效果进行评价，找到理念和行为之间的差距，冷静地分析与解决，通过学生学的情况改进自己的教，在实践、反思、改进中将先进的教育理念转化为教学行为。

5. 经验分享，持续跟进

教师丰富的实践经验是进行坊内研修和培训的宝贵资源，教师分享经验的学习过程，使工作坊的研修由专家单向输出、教师"被培训"转变为坊内成员多向互动、教师"主动参与"的教研活动。须知，输出也是学习，坊内教师们平等地分享交流，可将个体优秀的实践经验转化为团队经验。系列跟进作为重要的环节，教研员或专家与教师持续地深度沟通，把握教师的困惑、对理念理解的深度、实践时的心态，为教师分析实践中的疑问，并提供专业的解决方案。跟进是提高教研效果的重要方法，问题、研究、实践、反馈、改进、再实践、再改进，跟进解决问题的全过程是理念转化成教学行为的关键。

三、系列跟进式研修模式的作用

作为一个动态的过程，系列跟进式研修模式可以让坊内教师边学习边应用，每一个阶段的总结梳理、经验分享，进而成为资源积累的过程，每一个阶段的研修成果也成为今后的研修资源，也成为下一阶段研修的起点。在这一过程中，教师作为有经验的成人学习者，通过专家引领下的专题研修和交流研讨充分表达各自的体验、收获，分享其他教师的有益经验，通过现场观察、亲身实践、深度反思、持续跟进等活动，更有利于将所学习的内容内化为自身的专业素质和教学能力。具体来说，这一研修模式具有如下作用。

1. 利于教师积极参加研修，获得成长

系列跟进式研修模式的原理就是以主题课例为载体，通过一而再、再而三的"实践、反思、再实践、再反思"的螺旋式上升模式，从中发现教学问题，梳理出主要问题进行研究，切实提高常态课的教学效率。教师参加工作坊组织的这类教研活动的积极性就会被调动起来，真诚、互助、和谐的教研氛围也会逐渐形成，而在教师教学活动中优化常态课，促使每一位教师跟自己"纵向对比"有所进步和提高，从而促进每一位教师的专业化成长。

2. 关注互动，促进教研提升和发展

系列跟进式的研修方式，关注了学生、教师、课程的发展，具有计划性强、目的明确、前后连贯、逐层提高的特点，更重要的是通过跟进式的一层深入一层地反思改进，促进了教师之间的互动，伙伴之间的合作，构建了在切磋中提高的教研环境，是校本教研发展的大功臣！

3. 有利于提升教师的教研水平，加快专业化成长步伐

工作坊组织的整个系列跟进式研修过程是一个螺旋式上升的过程，每位教师都要对这次系列跟进式教研活动进行反思与梳理，说出自己的感悟，并提出自己的建议，在系列跟进式研修策略的指引下，教师们有方法上的认同，有思维上的碰撞，有意见上的分歧，在"实践—研究—再实践—再研究"的螺旋式上升中，实现教学研究的良性循环，真正提高了学校教研活动的质量，使教研活动"研""磨"的氛围日趋浓厚，有助于教师们从不同的角度来研究教学问题，更有利于提高教师的教研水平，加快教师专业化成长步伐。

四、系列跟进式研修模式的类型

工作坊采用系列跟进式研修模式进行研修活动时，可以针对问题采用不同的方式进行研修。具体来说，这些研修方式包括下列四种类型。

1. 同课异构

就是选用同一教学内容，由主持人提出一个共性的问题，然后针对学生的实际情况和教师自身的教学特点，不同教师分别进行个性化的教学设计和课堂教学，为集体研讨提供素材，主持人再组织坊内教师以这些为案例，在听课后进行研讨，在互学中发现问题，分享彼此的经验和思考，实现共赢。

2. 连环跟进

主持人提出教学中普遍出现的疑难问题，然后坊内教师集体备课，一人执教，其他教师集体听课、评课，上课教师根据评课意见对教学设计进行修改，再次上课、听课、评课，评后继续修改，直至找到解决问题的有效策略为止，最后上课教师撰写教学反思，对教学经验予以提升。这种方式的研修实际上就是一种课例教学的方式，采用以点带面的方法，促使教师对课堂教学的认识和对教学规律的把握经历一个"实践—认识—再实践—再认识"的螺旋式上升的过程，实现由经验型教师向智慧型教师的转变。

3. 个案分析

这也是系列跟进式研修方式的一种。所谓个案分析，就是主持人针对主题，采用"解剖麻雀"的方法，选择具有一定代表性的课例，然后组织坊内教师通过在教研活动时播放录像，由教师选择不同观察点进行集体"解剖"。要注意的是，采用这种方法进行系列跟进式研修，对于选择的课例，不追求其完美性，而注重其真实性、代表性；"解剖"时要注意引导坊内教师发现问题，激发教师对案例教学进行反思。

这一方法的侧重点在于引导教师对课堂教学的观察点进行深入分析和思考，通过撰写评课记录或听课随笔进行反思，从而找出解决问题的策略和方法。

4. 主题式研究

就是围绕某个主题进行课例的选择，进行有针对性的坊内听评课研究活动。比如主持人提出了"如何提高课堂提问的有效性"这一主题，然后有选择地确定课例，引导坊内教师进行课堂观察和研究。通过基于课堂观察的课例式教研，引导教师对研究的主题进行提升，把研究的主题提升为课题进行持续、深入的研究。

主题2　反馈循环：系列跟进式研修模式的运作流程

在前文，我们用图的形式强调了系列跟进式研修模式的运作流程。在此，我们通过具体的步骤来说明这一研修模式在工作坊的研修活动中的运作流程。

一、主题讲习

这一环节其实就是主持人对问题进行讲解，在讲解的过程中，梳理出存在的共性问题。要注意的是，在这一过程中，主持人要围绕主题带领参与者研讨学习。同时，主持人可以针对教学实践和教学经验，提出教师共存的弱项问题，然后将问题集中。

案例

部分教师认为语音是英语教学的配角，虽然译林版新教材开设了 Sound Time 板块，但不少教师尚不知如何入手。我们经过梳理，发现语音教学存在如下问题：

（1）目前教师对语音教学的重视程度不够。语音教学的基本程序是教师指导，学生感知，教师总结和罗列语音现象，让学生花很长时间对有节奏的句子进行吟诵，而真正意义上的语音输入和输出欠缺。

（2）学生对语音的整体记忆效率低且不扎实。教材每个单元突出一个语音项目，意在逐步渗透整体的语音。但是，教材中没有安排语音的复现和总结，也没有安排阶段性的语音整体认读，所以学生当时记得单词的读音，过后不久就遗忘，没有巩固与练习语音的机会，不能真正掌握。

（3）教师对语音教学目标的达成度没有具体的要求。会读、会用仅是很笼统的要求。教师应给出具体的说明，指导学生如何读、怎么用。

（4）学生在课后无法真正运用所学语音。

据此，本次工作坊研修活动明确了研讨的主题——字母 e 的语音教学，并以译林版《英语》教材（三年级起点）四年级下册 "Unit 4 Drawing in the Park" 中 "Sound Time" 板块的教学为微课例课题。

二、案例分享

在明确研修主题后，主持人要针对前面的问题，提供典型案例，坊内参与者针对专业实践问题思考、交流、感悟。这一环节中要注意选择针对性问题作为案例，这样的讨论和分享具有代表性和针对性。

案例

主持人提供典型案例，播放执教老师 A 的课堂教学，坊内教师针对专业实践进行思考、交流、感悟。

（1）利用课件复习该单元的重点句型：What can you see? I can see... 自然引出语音教学涉及的词汇 bed。

（2）呈现相关词汇，引导学生发现并归纳 desk、pen、red、ten 等单词中字母 e 的发音规律。

（3）让学生跟读 Sound Time 板块中出现的富有节奏感的句子；之后采用齐读、小组读、个人读的方式进一步规范语音；接着引导学生回顾已学词汇中含有字母 e 发 [e] 音的单词，并让学生造句和朗读。

（4）呈现课本 Ticking Time 板块中的自评表，让学生利用此表在组内互评。

坊内教师针对视频内容进行思考、交流和讨论。

三、问题会诊

某工作坊参与教师提出自己的问题，工作坊成员在主持人的领导下讨论交流，思考解决问题的策略，主持人最终诊疗，给出解决问题的方案和建议。

案例

针对视频内容进行讨论，得出共同的问题：这节课只是形式上发挥了学生的主体地位，实际授课过程都是让学生跟着课件一步步学习，没有学生自主发现、学习和内化的过程，所以这不是有效的语音课。脱离了已经认识的这几个单词，学生们还能认读含有［e］音的词汇吗？最后的评价表不是本课时目标内容的呈现，显然有碍重点教学内容的凸显，此外不同星级的评价表述也需要进一步规范。然后，坊内老师给出了问题解决的策略：

教师1：对个别沉默寡言的学生，要多和他们交流，加强个别指导，先帮助他们树立自信心。在小学英语语音教学方面，要尽量减少汉语和方言的负迁移作用。英语中有些语音与汉语中的一些语音相似，但小学生在学习某些英语语音时可能会有困难，我们应该重点进行练习，以使学生掌握得更好。教师在发音细节上可适度夸张，做到字正腔"洋"。要强调模仿。课上听录音时不必急于让学生跟读，可以让学生先用心体会，然后再从小声读到大声读。根据目前的情况，应暂时减少或取消齐读，可以用比赛的形式让学生分别展示。比如用绕口令、英文歌谣让学生学习和巩固音标，给单词找朋友也是学生参与热情很高的活动。例如，学习新单词night时，积极鼓励学生找"朋友"，如：night—light—right（读音有相同之处）、night—eight（形似音不同）、night—day（意义相反）。这样做可以在巩固语音的同时兼顾词汇的记忆。

教师2：每节语音课上，我都会反复播放有趣的发音视频Fun with Phonics，久而久之，学生就对字母的基本语音有了初步的掌握，我坚持的效果不错，老师们可以试一试。

主持人最终诊疗：关于语音教学的一个微讲座，强调了以下三个关注点。

一是要关注语音教学的趣味性。教师只有多研究教学方法，小学生才会对语音学习感兴趣。教师可以通过多媒体课件辅助教学，使抽象、枯燥的学习内容转化为形象、有趣的动态内容。教师还可以通过形式多样的活动、游戏，采用竞赛、合作等形式，调动学生的学习积极性，让抽象的语音符号成为学生的"朋友"，让语音"活"起来、"动"起来，"欢笑着"走进小学生的心里。

二是要关注语音学习的递进性。语音学习的过程应该由浅入深、层层递进。首先，要让学生获得正确的语音输入。这里需要关注一个关键词——imitate。小学英语教学中模仿语音、语调很重要，高质量的模仿才有高质量的输出。《义务教育英语课程标准（2011年版）》指出：在英语教学起始阶段，语音教学主要应通过模仿来进行，教师应提供大量听音、反复模仿和实践的机会，帮助学生养成良好的发音习惯（教育部，2012）。其次，要让学生自主感悟和总结语音规则。这里需要关注的关键词是feel rules。教师要引导学生自主感悟、自主总结语音规则，不能剥夺学生思考的机会，不要代替学生思考，不要强行灌输，要体现学生的自主性，让学生通过朗读、感悟、观察和思考，自己总结出字母或字母组合的读音规则。再次，要让学生尝试运用规则。这里的关键词是 use，学以致用。学生总结出规则之后，要给他们提供运用和实践的机会，让学生运用这些语音规则去认读新的单词，培养学生自主认读和拼读英语生词的能力，帮助学生建立起新旧英语单词之间在发音上的联系，以提高学生识记英语单词的效率。

三是要关注语音教学的语境创设。《义务教育英语课程标准（2011 年版）》中对语音教学提出了这样的要求：语音教学应注重语义与语境、语调与语流相结合，不要单纯追求单音的准确性（教育部，2012）。曹老师的课堂在语境创设方面就做得很好，尤其开始的环节可谓紧扣主题，一箭双雕。本单元的重点句型是：What can you see?

主题3　系列跟进式研修模式的注意事项

运用系列跟进式研修模式进行工作坊研修活动时，除了要注意运用上述的运作流程，注意把握共性的问题，提出针对性地解决问题的策略，还要在运用这种方式进行工作坊内的研修活动时，注意以下问题。

一、发挥骨干教师的专业引领作用

系列跟进式研修方式要求骨干教师要发挥专业的引领作用，这种专业引领能力包括在教研过程中对教师关键问题的准确把握、教师们研讨思路的紧密跟随与有效引领等。如果在坊内进行系列跟进式研修活动时，坊内教师跟随有余，骨干教师的引领不够，研讨就会流于形式，难以出现真正有价值的认知冲突和思想碰撞，那么教师的专业成长会处于长期的瓶颈阶段而裹足不前，难以持续发展。因此，要想提升坊内教师的教研水平，坊内活动时就要注意对典型案例的选择，操作环节的有效梳理等，如此才能让坊内教师在不断地尝试、实践、反思与调整的过程中，逐渐形成教研模式，提高教师的教研水平。

二、研修方案设计者要转变资源观

教师教育要转变观念资源观，即重视教师在教学工作中形成的实践经验和切身体验。教师经过多年的教学实践，逐步积累并形成个体经验，这些经验既是教师提升专业水平的前提，也具有一定的专业资源价值。由于系列跟进式研修方式针对的是具有一年教学实践的新教师，因此，在研修方案的设计上要考虑转变教师的资源观，加强教师的研修意识。须知，教师的教研热情来源于自身的教学需要，如果教研活动对教师教学确实有帮助，教师是愿意花时间、花精力全身心地投入的。有需要，才会有动力，有了动力，教研的意识才会增强。为此，在工作坊研修活动中，要注意将教研实践与课题研究融为一体，可以引导教师通过与同伴开展平等的互动交流学习，从而让他们各自丰富的教学经验成为自己专业发展的共同资源。

三、确保专题质量和实证研究

作为专题式研修活动方式之一的系列跟进式研修方式，专题式的工作坊研修活动可以帮助教师借助有意义的活动，围绕重要的内容主题进行学习，因此教师在参加工作坊活动时，期待专题教研可以帮助自己解决或者缓解目前的教学困惑，而高水平的专题是教研的起点。因此，在进行系列跟进式研修活动时，工作坊在专题的确定和主题的选择上，要提倡基于问题解决的、持续的实证研究，让教师的专业能力在问题解决体验中得以发展，那就一定要结合教学现场开展专业学习，学习的新知识、新技能要通过课堂教学实践逐步内化为教学态度和教学行为，且能迁移。所以，专题质量和实证研究一定要得到保证。

四、重视组织者的方案和规划

工作坊研修活动的组织者要具有前瞻性，要依据自身职责及专长承担多重角色，激发、保持教师的学习兴趣，结合实际规划设计专题教研活动，环环紧扣逐步实施。须知，研修活动组织者的作用关键在于为教师参与交流、合作学习、共同分享成功经验创设宽松的条件，并激发教师参与活动的积极性。

为此，工作坊研修活动的组织者要深入理解系列跟进式研修模式的原理和指导思想，从而避免简单地模仿，造成效果不佳，半途而废。组织者要清楚这一模式的原理就是理论和实践的螺旋式上升关系，而这也体现了教师的专业成长是从"反思＋实践＋再反思＋再实践"中形成并成熟的。因此这一指导思想是以主题课例为载体帮助个体教师进步与成长。组织者要认识到，我们之所以进行此类研修活动，最终目的是优化常态课，促使每一位教师跟自己对比都有进步，面向每一位教师的专业成长。工作坊的坊内教研活动要注意以常态课为起点，从中发现教学问题，梳理出主要问题进行研究，切实提高常态课的教学效率，进而调动坊内教师参加研修活动的积极性，进而形成真诚、互助、和谐的研修氛围。

主题4　系列跟进式研修模式的案例及其解读

　　系列跟进式工作坊研修模式，在针对性问题的引导下，以典型案例引导坊内教师进行思考、讨论，进而认识问题，找到问题的解决方法，再借助主持人或专家引领，提升专业素质，走上专业化发展之路。可以说，这种模式对于新教师的教学能力、学科素养和走上专业化之路都相当重要。

一、"紧扣文本语用特质，落实语言训练"研修案例

1. 案例展示

【环节1：主题讲习】

　　主持人：苏霍姆林斯基是苏联著名的教育家，他的教育思想著作中，有大量的篇幅是关于儿童的教育与发展研究的。《世界多美呀》这篇写给儿童的文章，并没有将小鸡孵化这一生物学知识僵硬地直白于儿童，而是采取了童话的形式，借一只刚出生的小鸡的口吻，通过细致逼真的描写展现了小鸡由睡到醒、由醒到啄、由啄到破壳的整个出生过程，叙述了它认识世界的全过程，从中感受大自然之美，激发学生热爱大自然的情感。对于这么美的一篇课文，我们该如何解读文

本，定位语用的核心内容，又该如何安排教学以实现童话和语用学习的融会贯通呢？本次坊内研修活动，就以这一课为范例，研讨"如何在教学中落实语言训练"这一主题。

【环节2：案例分享】

主持人：请大家先看视频，观看一位老师讲授这一课的第二课时实录。

一、激趣导入，学习上节课所学的生字

师：同学们，我们已经学习了《世界多美呀》这一课的生字，让我们来读一读课题。

生齐读课题。

师：上节课，老师带同学们认识了许多生字宝宝，让我们再大声喊出它们的名字，好不好？

（生"开火车"——个人读词语；齐读词语）

二、学习第1自然段

师：请同学们自由朗读课文，遇到不认识的字要多读几遍，把课文读通顺，读流利。

（生自由读课文）

师：听老师范读，看看你在第一自然段里知道了什么？（师范读）

生1：我知道母鸡孵小鸡要孵很久。

生2：小鸡先是睡着的，后来它醒了。

生3：小鸡看到整个世界黄乎乎的。

师：出示句子：小鸡想：整个世界都是（　　　　）呀！

（生补充完整句子）

师：如果你是这只小鸡，你看到整个世界都是黄色的，心情怎样？会怎么想？

生（个人读句子）："小鸡想：整个世界都是黄色的呀！"（高兴/不高兴/惊讶/兴奋）

师：用你们不同的想法读句子。

生（齐读）："小鸡想，整个世界都是黄色的呀！"

三、学习第2自然段

师：不同的小鸡有着不同的心情，现在请同学们自由读第2自然段，边读边思考：小鸡怎样做的？

生1：小鸡用小尖嘴啄鸡蛋壳，啄出了一个小小的洞眼儿。它看到了一个怎样的世界？

师：小鸡经过了一番努力终于啄出了一个小洞眼儿，它从小洞眼儿看到了什么？

生2：它看见天空是蓝莹莹的，草地是绿茵茵的，小河是碧澄澄的。

（师板书：天空　蓝莹莹　草地　绿茵茵　小河　碧澄澄）

师："蓝莹莹""绿茵茵""碧澄澄"是表示什么的词语？

生3：表示颜色的词语。

师：你们还知道类似的词语吗？

生4：红通通、黄灿灿、绿油油、白花花……

师：老师也收集了一些表示颜色的的词语（ABB），请同学们一起读读。

（生齐读词语）

师：小鸡在小洞眼儿里看到了非常美丽的世界，让我们一起来欣赏。（课件播放图片，师解说）

师：（指导学生感情朗读）"他看见天空是蓝莹莹的，草地是绿茵茵的，小河是碧澄澄的。"

师：天空那么蓝，那么美，好像用水洗过一样；草地那么茂盛，那么翠绿，仿佛一片绿色的海洋；小河清澈见底，可以看见那河底的沙石和来往嬉戏的鱼儿。这么美的景色，让我们用朗读读出来吧！

（生个人读、女生读、男生读）

师：听到同学们这么美妙的声音，老师也想读一读。（范读）

师：老师读得美吗？谁想来挑战一下余老师？

（生个人读、齐读）（配乐）

师：同学们的挑战使老师甘拜下风，掌声送给自己。我们能把这个句子背下来吗？

师：（结合板书指导背句子）

师：除了蓝莹莹的天空，绿茵茵的草地，碧澄澄的小河，你还知道哪些景物是蓝莹莹的、绿茵茵的、碧澄澄的？

生：蓝莹莹的（宝石）（大海）（水晶）（玻璃瓶）（钻石）；绿茵茵的（小

草）（草地）（草坪）（丛林）；碧澄澄的（大海）（泉水）（湖水）（水滴）（溪水）（小湖）。

师：你能不能用"蓝莹莹""绿茵茵""碧澄澄"来说一句话？

生1：小鸟在蓝莹莹的天空上飞翔。

生2：小鱼在碧澄澄的池塘里游泳。

生3：小鱼在蓝莹莹的大海里游。

生4：小羊在绿茵茵的草地吃草。

生5：小马在绿茵茵的草地吃草。

师：小鸡是怎样赞叹的？（出示句子：原来世界这么美丽呀！）

生：个人读句子，齐读句子。

师：你们能不能说说带有感叹号的句子？

生1：原来学习这么有趣呀！

生2：今天好爽呀！

生3：你好帅呀！

生4：我们的新家这么大呀！

生5：原来余老师这么美丽呀！

师：小鸡从小洞眼儿里看到的世界这么小，他应该怎么办呢？它发现了什么？

生6：用力一撑，把鸡蛋壳撑破了。

生7：原来世界这么美呀！

（师生配乐齐读课文）

师：你们的读书声非常优美。

师：小鸡撑破了鸡蛋壳，来到了世界。你们想带小鸡去哪里？

出示：小鸡来到（　　　），看到（　　　）的（　　　）。

生1：小鸡来到田野里，看到了黄澄澄的稻谷。

生2：小鸡来到田野里，看到了绿油油的麦苗。

生3：小鸡来到果园里，看到红彤彤的苹果。

生4：小鸡来到花园里，看到黄澄澄的菊花。

生5：小鸡来到田野里，看到白花花的棉花。

师：老师要加大难度了，谁能用上几个词语连起来说一句话？

生1：小鸡来到果园里，看到红彤彤的苹果，黄灿灿的梨，紫盈盈的葡萄。

生2：小鸡来到花园里，看到黄灿灿的向日葵，金灿灿的菊花，红艳艳的桃花。

生3：小鸡来到田野里，看到金灿灿的谷子，绿油油的麦苗，白花花的棉花。

师：用一个词语来形容这个世界，谁来说说？

生1：我觉得这个世界是五彩缤纷的。

生2：我觉得这个世界是五颜六色的。

生3：我觉得这个世界是多彩多姿的。

师：我们应该怎样做，才能让世界更美？

生1：不踩小草。

生2：不乱扔垃圾。

生3：节约用水。

……

主持人：请大家结合视频内容，对这位老师在教学中落实语言训练的方法和策略加以讨论和分析，寻找优点和不足，以便提出改进策略。

坊内教师开始结合视频进行思考、讨论和分析。

【环节3：问题会诊】

主持人：现在请大家针对观看视频后的思考和讨论，分析这一案例中，授课教师在落实语言训练的方法和策略存在的问题。

教师1：有一些细小的不足，如"小鸡用力一撑，就把蛋壳撑破了"这个表示小鸡急切地想看到美丽的世界的迫切心情的句子，学生的朗读还没能体现小鸡迫切的心情，如果能稍加指导就更完美了。

教师2：应给学生较充足的读书时间。读书过程是学生自主学习、质疑问难的过程，是体现学生主体地位的环节之一，更是语文学科重要的教学手段。执教老师在让学生自由读书、练习背诵的环节中给的时间太少。正当学生们读得兴致勃勃的时候，老师突然喊停了，没达到效果。最起码等大多数学生读完了，再进行下一个环节。

……

主持人：从大家的发言中可以看出，关于落实语言训练的方法和策略这一问题，我们大家都提出了相当中肯的意见。我个人认为，可以从以下几方面加以解决：

第一，从文章的表达特征细读文本。可以从词语的运用上进行分析，引导学生体会美，感悟美。

第二，从插图资料细读文本。可以以图为文，打开理解之门，以插图为契机，激趣导入文本。课文插图是小学语文教材的一个有机的组成部分，《语文课程标准》提出：教师应创造性地理解和使用教材，积极开发课程资源。《世界真美呀》这篇课文给我们配备了一幅精美的插图，给我们描绘了美丽的世界之图和小鸡的可爱形象。因此我们应该有效地利用这一教学资源，努力弥补文字表达的不足，起到文字表达所不能起到的作用，为学生迅速、有效地理解文本打开方便之门，借助插图培养学生的观察能力和语言表达能力。

第三，以"美"为线细读文本。一方面可以从课题入手，一开始就抓住文眼"美"，引导学生从字形上了解"美"的本义；另一方面要注重语言文字内容的美，让"美"驻留孩子心间。最后还要注意朗读、评价等方方面面的细节美，引导学生思考"美"，留下"美"。

第四，要抓住关键词，细读文本。在教学中，基于教材与低段儿童的特点，要注意从"情趣""朗读""理解""拓展"这几个关键词入手。

2. 案例分析

上述案例就是系列跟进式工作坊研修模式下的一次工作坊研修活动。在案例中我们可以看到，整个案例依据系列跟进式工作坊研修模式展开，先是主题讲习，主持人在活动开始时就讲清楚了本次工作坊研修活动的主题：落实语言训练的方法和策略。围绕这一主题，主持人先是播放了一段视频，展示了一位老师讲授《世界真美呀》这一课的课时实录，然后由此引导坊内教师展开讨论。坊内教师在观看、思考和讨论的基础上，提出了案例中就"落实语言训练的方法和策略"存在的优点和不足。最后，主持人总结解决"落实语言训练的方法和策略"这一课题的方法。

可以说，这一案例将系列跟进式工作坊研修模式相当标准地演示出来，让我们明确了在工作坊研修活动时，如何运用这一模式进行研修活动，从而提高新教师的教学能力和教学水平。

二、"绘本阅读：蜘蛛先生要搬家"研修案例

1. 案例展示

【环节1：坊内成员组内集体备课】

（1）重点阅读页码：封面（蜘蛛外形，如胡子、穿着等），第7页（蜘蛛先生、扫帚小姐为什么都不开心），第17页（蜘蛛先生为什么要把家安在这里？它为什么笑了），同时阅读第9、11、13、15页（它为什么要去这么多地方）。

（2）思考：第3、11、21、23页画面中出现两个小人，是何用意？

【环节2：第一研　教学展示及调整方案】

（1）活动情况描述。

教师能有意识地引导学生观察作品封面上的蜘蛛先生的外形，但没有及时点题，引发学生思考它为什么搬家；在帮助学生理解绘本内容时，教师引导很深入，学生能够理解蜘蛛搬家的行为、观察到时间线索、主角的表情线索等，能够充分理解故事，但活动的重难点还不够突出，需要重点观察、阅读的几张画面内容，没有很好地深入挖掘，绘本中一问一答的形式没有突显出来。

（2）跟进与调整方案。

第一，观察封面时，应该设计一个阅读封面故事题目的环节，借助"蜘蛛先生要搬家"这个故事主题，引发学生讨论关于蜘蛛先生搬家的原因、搬家的情节发展及搬家结果等，让学生在自主阅读图书的活动中，能够带着问题有目的地进行阅读，提高学生在有限时间段内的自主阅读效果。

第二，建议稍微调整一下阅读程序，先要求幼儿自主阅读，再进行集体重点画面研读，最后教师翻阅图书集体讲述故事内容，以便学生完整、充分地阅读并感受故事内容独特的一问一答的形式。

【环节3：第二研　教学展示及调整方案】

（1）活动情况描述。

学生自主阅读前，先介绍题目，孩子们阅读时带着疑问"蜘蛛先生为什么要搬家？会搬到哪儿去"有目的地阅读，他们心中的疑问在逐步阅读中得到了释然，教师在巡回指导时，紧扣故事发展线索，提问大多采用绘本中原话"什么时候开始搬家？搬到了哪儿？蜘蛛先生的心情怎么样"等，让学生仿佛身临其境，

融入了自己的情感与体验，教师为了让学生理解一问一答的形式，利用电教化手段，每页上制作两个小人的"对话框"，帮助学生理解"一问一答"的故事叙述形式，简单易懂，一目了然，但在集体研读时，教师重点解读的页数太多，学生主体性体现不够。

（2）跟进与调整方案。

整个教研活动的开展在这里遇到了阻力，面对绘本阅读中如何体现学生的主体性，用学生可以接受的方式，让他们最轻松、简单、快速地理解绘本故事内容，成为大家讨论的焦点，抱着大胆尝试、边学边做的态度，商量出两种调整方案。

方案一：教师将故事中的两条线索画面运用PPT的课件呈现在学生面前，让学生感受画面同步进行的情节发展，（一条以蜘蛛先生搬家为线索，一条以两个学生的一问一答的对话过程为主线）帮助学生以图谱形式快速理解故事发展和一问一答的叙述方式。

方案二：再次调整阅读程序：学生先自主阅读，然后教师请学生介绍阅读内容，教师不参与讲解，只对重点页展开重点解读，最后教师和学生做一个一问一答的语言游戏，再次帮助学生理解故事特殊的叙述形式。

【环节4：第三研　教学展示及调整方案】

（1）活动情况描述。

执教老师采用了方案二，整个教学环节及流程比较清楚，先学生自主阅读，再师幼集体研读，最后通过"一问一答"游戏的形式加以巩固，学生参与积极性比较高。特别是教师设计的几个提问非常准确、到位，能够帮助学生集中注意力解决重点问题。如集体研读时提问："蜘蛛先生和扫帚小姐发生什么事情了？""蜘蛛先生在搬家过程中，都到过哪些地方？""你认为蜘蛛先生的家搬到哪里最合适？为什么？""最后它为什么笑了？"

（2）跟进与调整方案。

第一，整个活动思路比较清晰，还缺少一个"完整赏读"的环节，建议在集体研读后加入"完整赏读"，给予学生完整感受。另外因为是第三研，有全园教师听课，在最后一个环节，教师可以有效利用周围环境，与客人老师进行互动游戏，借助客人老师的"特殊"身份，来帮助幼儿进行"一对一"的语言练习，从而获得"最优化"的指导效果，同时也能提供机会让学生主动邀请客人老师参与互动游戏，从而培养学生主动、积极的个性品质。

第二，学校位于城郊接合部，大部分学生来自农村，对蜘蛛并不陌生，能读懂围绕蜘蛛先生所发生的一系列故事。特别是画家塑造的蜘蛛先生具有漫画式的人物特色，这个拟人化的蜘蛛先生的情感方面可以再深入挖掘，力求通过绘本阅读，提升情感教育价值，鼓励学生向蜘蛛先生学习：在面对困难时，毫不气馁，坚持到底，获得成功，这种乐观向上的健康心态，能帮助学生获得快乐生活的启发与感悟，更好地体现学校的以生为本的特色，发挥"连环跟进式"教研的教学效果最优化。

【环节5：梳理成最优化的教学实践课例】

最后按教学案例标准格式：活动背景、目标、准备、过程（每个环节加上评析）、延伸及活动反思6大部分整理成最优化的活动方案，丰富校本课例资源库。

2. 案例分析

在这一工作坊研修案例中，我们可以看到，整个坊内工作是以"绘本阅读：蜘蛛先生要搬家"这一主题展开的，整个活动体现了反馈循环的特点，即"研修—实践—研修—实践"的过程。

在研修活动过程中，我们可以看到，每一次的研修都比上一次获得提升，最终形成了相对科学而全面的研修结果，这就说明了系列跟进式工作坊研修模式的特点和优势，让教师在不断深化学习的过程中，获得提升。

三、"以学定教，在反思中提升"研修案例

1. 案例展示

【环节1：主题讲解】

主持人：近年来，我校以教研小组为主阵地，以课例研讨为抓手，积极探索教育教学规律，"以学定教"实现着从理念到行为的转化。从最初的基本要求"做像"——关注研讨过程，到目前追求"做好"——不仅追求研讨过程中教师的观点碰撞，同样追求最后能以一个成熟的教学案例呈现，逐步形成了一套系列研讨思路。本次研修活动，以科学课"水果里的种子"为例，进行系列跟进式研修，旨在达到"以学定教，在反思中提升"的研修效果。

【环节2：案例分析、问题会诊】

第一次教学与研讨

1. 教学目标

（1）辨别几种水果的种子，认识它们在外形、颜色、数量等方面的不同。

（2）了解水果是有种子的。

（3）培养科学探索精神。

2. 教学过程（略）

3. 教学后坊内小组反思

（1）关于目标的表述的问题。

第三个目标很空洞，无法评量落实程度；第一、第二个目标相对来说比较合适，但孩子怎样才算是认识，体现还不清晰。

（2）教学过程出现的问题。

第一，学生对水果里种子的已有认识是"籽""核"，从"籽、核"到"种子"的归纳，中间需要一个桥梁，这个桥梁应该是"核、籽"种到泥土里，会长出苗苗，所以叫"种子"。本次教学中，教师直接告诉学生，它们有一个好听的名字，叫作"种子"，学生并不能真正理解。

第二，吃完水果后，教师提议："和边上的同学比一比，说一说，你们手里的种子一样吗？有什么不一样？"实际上，学生对这个要求完成不了。"比一比"比什么，学生是模糊的，学生只关注自己手里的种子，这是由小学一年级学生的年龄特点决定的。所以这个环节的要求空洞，达成度低。

4. 确定调整策略

（1）修改目标。

（2）讨论让学生能够比得起来的方法。可以用教室里的分类盒，旁边贴上相应的水果图片，一组学生吃过的五种水果的种子，对应放进五个格子里。这样，学生既能看到自己吃过的种子，也能看到其他几种水果的种子，就有了自由比较的机会。

（3）不必把"核"赶紧说成"种子"，在观察到水果不一样核也不一样的前提下，让学生初步了解"核"种到泥土里，还能变成"苗苗"，所以叫作"种子"。

第二次教学与研讨

1. 修改后的教学目标

（1）品尝苹果、桂圆、橘子等水果，知道水果里的核就是种子。

（2）运用多种感官感知、观察这些种子，发现它们的不同。

（3）大胆讲述自己的发现，获得探索的乐趣。

2. 教学过程（略）

3. 教学后的坊内小组反思

（1）寻找自由观察环节还是比较低效的原因。教师指导语："摸一摸，压一压，看一看，说一说，它们有什么不一样。"指导语似乎很规范，能引导学生运用多种感官来感知。集体反思：一是这些种子都是硬硬的、湿湿的，触觉上没有什么不一样；二是对于一年级学生来说，太多的指令，反而会变成没有指令。

（2）讨论"集体交流种子的不一样"这个重要教学环节的合理性。在此过程中，学生看看讲讲种子的样子，教师用"大小、颜色、形状标记"记录种子特征，活动组织到这个环节，感觉很无"趣"。集体反思：是什么原因把教学中的"趣"赶跑了？是教师强调的不一样，大小、颜色、形状，把生动的物体概念化了、抽象化了，和一年级学生的学习能力脱节了。一年级的科学活动，重要的是如何深入浅出激发学生运用多种感官探究和表达，也许学生的表达不够严谨规范，也许学生的认知不够丰富，但学生参与了、感受了，他总会有收获。

4. 确定调整策略

（1）在自由观察环节，教师的指导语更明确："请说说，你手里是什么水果的种子？它是什么样的？看看盒子里你还认识哪种水果的种子，叫叫它们的名字，看看它长什么样。"而且，这些问题要分解开问，引导学生有目的地从观察自己吃的水果种子到辨认其他的种子。而辨认的基础，是分类盒里的图片对应式暗示，原有的吃水果的经验是帮助，还有同伴间的相互学习是资源。

（2）对水果种子特征的表达，不一定全部用语言，一年级学生的语言还不丰富，可以让学生用身体动作来帮助。这是一个不错的思路，顺着这个思路往下想，集体交流环节可这样设计：在地上做好各种水果的标记，学生们自己吃了什么水果，就坐到相关标记的圆圈里。在看着分类盒里的种子，比较它们的不一样时，引导学生不光用语言，还可以用动作、体态来表现。如"像水滴"，学生可以创意做出水滴的样子。这样能让学习变得轻松、生动一些。

第三次教学与研讨

1. 活动目标

（1）品尝苹果、桂圆、橙子等水果，知道水果里的"核"就是种子。种子在泥土里能发芽、开花、结果。

（2）有意识地观察各种种子，知道它们是不一样的。

（3）大胆运用多种方式表达自己的发现，获得探索的乐趣。

2. 活动准备

每人一个小盒子，内装一样水果；每组一个水果分类盒（五格，分别贴上苹果、荔枝、桂圆等水果标记）；音乐《水族馆》；擦手毛巾若干。

3. 活动过程

（1）品尝水果。

师：请大家吃水果，拿到水果的同学可以告诉大家你拿到的水果叫什么名字。

学生品尝，教师巡回观察，帮助学生梳理已有的关于水果的经验。（要求把吃剩下的东西放入小盒子）

寻找"核"。

师：水果里藏着什么呀？（核、籽）请你们把"核"都找出来，放到后面的分类盒里。

（2）观察比较种子。

第一步，初步观察种子。

①送种子：现在请同学们把"核"送到桌子上的水果房子里。你吃的什么水果，就把它的"核"送到它家里。

②自由观察自己的种子：仔细看一看，你吃的是什么水果，它的"核"长什么样子？

③观察其他水果的种子：旁边还有什么水果的"核"呢？你能不能叫出它们的名字，它们长什么样？

教师巡回指导，及时回应学生的问题，提醒学生全面观察。

第二步，梳理孩子的发现，引导孩子表述种子的特征。

①整理梳理：刚才老师请你们吃了几种水果呀？（在投影仪上出示分类盒，种子上面分别放五种水果）请你们叫出它们的名字。

②提升从"核"到"种子"的认知：现在留在分类盒里的是水果的什么？（核）它还有一个好听的名字叫"种子"。

③教师根据学生的发现来归纳他们观察到的各种水果的种子特征，通过追问的方式帮助学生进行简单归纳，并用动作模仿。例如：

生：我吃的是荔枝，它的种子大大的，有点黑黑的。

师追问：你们看看这个盒子里，还有谁的种子也是大大的？剩下来那些小小的，是哪种水果的种子呀？教师引导幼儿运用多种方式总结归纳各种种子的特征。

师：种子到底有什么用呢？（种在泥土里，发芽、生长、结出更多的果实）

（3）做一回种子宝宝。

师：把自己变成一颗小种子，找一个空地方把自己埋起来。在音乐声中表现种子发芽、长成树苗、开花、结果的生长快乐。

师生一起"播种"、表现。

【环节3：总结】

主持人：本次课例的数次研讨，经历了对方案的局部推翻—实践—再推翻的过程，称之为"颠覆"并不过分。颠覆一：质疑在自由观察环节，学生在关注自己手中以外的种子吗？颠覆二：质疑在自由观察环节，"摸一摸，看一看，说一说"能达到多种感官的参与吗？颠覆三：反思在集中交流环节，教学的趣味没有达成的原因。每一次的颠覆，都是一次痛苦的自我否定，更是一次从理念到行为上的提升。我们进一步体会到：蹲下身，才能读懂学生。教学的关键，不仅要备教材，更要备学生。科学教学，"知"与"趣"孰轻孰重？我们不能本末倒置。

2. 案例分析

上述案例是系列跟进式工作坊研修模式的完整实录。在这一案例中，我们可以看到，整个研修过程完整地体现了反馈循环的特点，紧扣"主题讲习""案例分享""问题会诊"的三个环节时，将研修过程的每一次变化表现出来，从而让教师在不断积累经验的同时，获得感悟，提升教学的认识，也提升了教学技能。

专题四

工作坊研修模式二：多点聚焦式

教师工作坊以促进教师成长作为学校内涵发展的抓手，而教师成长的基础，则是唤醒教师自我发展的内驱力。多点聚焦式工作坊研修模式，促使教师从被动地接受从上到下的形式主义的校本培训转变为自主参与到校本研修中来，成为探寻教师自主发展的有效策略。

主题 1 多点聚焦式研修模式的特点、程序及作用

"多点聚焦式"的"多点"代表不同的视角、不同的看法和不同的做法。"聚焦",即将注意力或关注点放在一点上,或归于一点上,在此是指让这些视角、看法和做法在教师头脑中实现了交叉,就是不同的教师从不同的角度和不同的方面解决同一个问题。这一方法可以促使教师思考自己的实践工作,并尝试在实践工作中进行改变,进而更为深入地反思。

一、多点聚焦式研修模式的特点

多点聚焦式代表了不同的教师在不同的视角看待同一问题的不同的看法和不同的做法。这些视角、看法和做法促使教师尝试在实践工作中进行改变,进而展开更为深入的研究。这一工作坊研修模式具有如下特点。

1. 以同一主题为核心

多点聚焦的基础是同一主题,即同一教学内容。只有确定这一主题,才能保证教师有一个共同的基础进行研讨,在研讨的基础上进行实践。须知,共性与个性是事物之间普遍存在的一种客观联系,只有在同一主题的引导下进行研修和实践,才能发现问题,解决问题,获得成长。倘若失去了同一主题这一前提,就不可能在三次不同的活动中一步比一步深入地解决问题,达到研修的最终目的,于是多点聚焦就失去了意义。

2. 以行动研究为基础

行动研究的目的就是应用科学的方法,解决教学中的问题。它关注的是特定情境中的特定问题,无须重视研究结果是否可以推广到其他不同情境;无须关注研究变量的控制与操作。行动研究的主要目的就在于解决特定的问题,强

调在研究的过程中，立足于自己的教学实际，把自己遇到的教学问题转化为教学研究的"小课题"，基于"教学问题"进行研究，基于"有效教学"进行教学设计，不断对教学行为进行反思，不断提升自己的教学智慧，提高自己的教育教学水平。

3. 以微格分析为手段

没有细致的观察就没有精细的分析，没有精细的分析就难有问题的发现，没有问题的发现与解决就难以取得进步。所以，多点聚焦借助于"实践—反思"的模式，借鉴微格教学的方式来进行微格分析，一方面真实而准确地实践主题，帮助坊内教师直接从活动中体验；另一方面，活动后参与活动的教师注意就主题进行研修和讨论，从专家和同伴那里获得信息，更为深入地觉察到问题的实质，将理论与实践结合起来。

4. 以比较研究为方法

多点聚集的基本研究方法应该是用三次活动逐层深入的方法来看待问题。这种类似于剥洋葱的方式，侧重点是在研究三次活动中发现的不同之处。这是一种比较研究的方法。而比较研究法是常用的教育教学研究法，它是对某类教育现象在不同时期、不同地点、不同情况下的不同表现进行比较分析，以揭示教育的普遍规律及其特殊表现，从而得出符合客观实际的结论。在多点聚焦模式的工作坊研修中，我们要充分地应用比较研究的方法，明确同一主题下不同活动中发现的问题，关注同一主题上出现的问题的不同之处，各种不同之处的表现又有什么不同，如何解决，解决中获得了怎样的效果……这样，才能拿到一手的资料进行比较研究，得出科学的结论。

5. 以同伴互助为桥梁

同伴是校本研修中最基本、最高效的力量，当我们在教学中遇到问题时，寻求同事的帮助是每位教师的第一反应，因而同伴互助也是多点聚焦中最直接、最常用的方式。可以说，缺少了同伴的互助支持，工作坊的研修就失去了意义，因为这样一来，教师个人就会陷于孤立。所以，工作坊这种研修方式力求促成教师个人与团队之间进行广泛的对话和合作，营造研修中同伴互助的专业合作与精神共享；在同伴互助中将个人的才智与团队的集体智慧紧密地结合起来，形成个人成长与团队进步相辅相成的学习共同体，从而既促进教师个体在专业能力、知识、态度等方面的发展，又实现学校教育教学整体质量的提高。

6. 以解决问题为目标

多点聚焦中三次活动中会不断地发现问题，而教师的课堂教学水平、课堂教学智慧只有在不断的问题解决的过程中才能逐步地提高。所以，在发现问题之后，教师需要进而明确问题的关键，决定问题解决的方向；在分析问题的基础上提出问题解决的方案，包括问题解决的方法和途径；最后通过一定的方法，确定所提出的假设是否可以有效地解决问题。问题解决的过程是一个复杂的心理过程。在多点聚焦研修活动中，我们或许会不断地尝试错误，通过尝试错误，发现解决问题的方法。

案例

在关于"儿童哲学"的课题研究中，教师们问得最多的就是儿童哲学的理念只能运用于语言课吗？为此，工作坊进行了有关"分享"活动的三次研究。

第一次活动后，大家觉得"活动是在说教，学生们都各玩各的，根本没有注意教师都说了些什么"。可见直接告诉学生要分享，看起来学生是记住了，其实对分享的意义并没有理解。

第二次活动时，教师利用一位家长给孩子的生日信，想让小朋友知道可以分享的东西很多。活动后，教师们认为"一年级的学生理解水平毕竟有限，学生感受不到分享的范围其实很广，包括抽象的思想与情感等，学生们通常只对吃最感兴趣"。

在之后的交流活动中，有教师谈到"物化"分享的想法，得到了大家的认同。经过反复商量和研讨，最后大家共同制定了第三次的活动方案：用笑脸贴纸来代表开心，当分享了别人的物品感到开心的时候，就将笑脸贴纸贴在身上，让学生通过直观地发现自己身上的笑脸，体会原来只要分享就会得到很多的快乐。

这个活动让教师们感受最深的就是：儿童哲学不是虚无缥缈的思想交流、口头议论。我们可以将观点"物化"为可以感受和体验的内容，让儿童在充分地感受和体验中发现意义。

该工作坊的研修活动就是围绕着"儿童哲学"这一共同的主题展开，进行了三次活动，在活动中，教师不断发现问题，"活动是在说教，学生们都各玩各的，根本没有注意教师都说了些什么"，"一年级的学生理解水平毕竟有限，学生感受不到分享的范围其实很广，包括抽象的思想与情感等，学生们通常只对吃最感兴趣"，直至最后找到了"物化"分享这一解决问题的方法，进而不但触碰到了儿童哲学的实质："儿童哲学不是虚无缥缈的思想交流、口头议论"，而且提升了认识，解决了问题。

二、多点聚焦式研修模式的程序

采用多点聚焦方式开展研修的工作坊，一般针对学校的课题研究，在课题研究过程中不断衍生出各种问题，然后用工作坊的形式对各类问题进行研究，并将结果运用于实践，经历实践反思、再研讨、再实践反思的过程。这种过程一般用"线性延伸"来称呼。

这种主题研修活动在运作时，主要是围绕同一主题组织由浅到深的不同的活动。一般来说，可以包括以下程序：

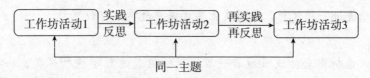

具体来说，围绕着同一主题，活动1是主持人引领参与教师围绕主题进行研讨交流，在研讨、交流后，进行实践，在实践中不断反思；接下来，围绕着主题和活动1，主持人引领参与教师进行活动2，即对第一次活动的结果和实践后生成的新问题进行研讨，在活动后，再实践，再反思；接着进行活动3，对第二次活动的研讨结果再实践，得出最终结论。总之，三次活动以同一主题展开，但实践和反思的程度在不断加深，教师的认识也在不断加深。

案例

主持人：本次工作坊活动，我们将围绕校本课题"课堂教学有效多元互动研究"展开集中教研，让校本教研活动进一步走向深入。

活动1：

全体观看五年级《将相和》一课的教学实录，然后大家围绕着"课堂教学有效多元互动"讨论、研修、分析展开。归纳这一教学实录在"课堂教学有效多元互动"上的体现：一是教学思路清晰；二是教学策略选用得当，真正实现了长文短教；三是教学方式上体现了自主、合作、探究，让学生真正感受到自己就是课堂的主人。进而提出一个问题：高效课堂与多元互动的关系。

活动2：

全体坊内成员观看《和我们一起享受春天》的优质课视频片段，分析老师以讲代读的教学设计，尤其是引读这种朗读形式在多元互动教学中的作用。

活动3：

全体成员观看坊内一名骨干教师的教学实录后，执教老师谈自己对课堂教学中有效互动教学的理解与认识，即：有效的教学是教师与学生之间有机的互动过程。教师在课堂上首先要做一个善于倾听的人，携一份期待、信任、鼓励的心境，走进学生心田，教师还要敏锐地捕捉课堂中的每一次思维灵感的闪现和每一次稍纵即逝的教育契机去精心地引导、点拨、放大，或引发一次讨论，或挑起一场争辩，或促进一次反思，从而真正实现课堂教学的有效互动。

总结：

主持人请坊内全体成员观看一节吴老师执教的数学课的视频，一边播放视频一边做精彩点评。指出这一数学课的突出特点：一是，课伊始，趣已生。吴老师能从激发学生的学习兴趣入手，积极创设良好的学习情景，并以一个朋友的身份直接参与到学生的学习活动中去，在为学生提供了自主探究、合作学习的时间和空间的同时，又使学生通过活动发现、对比互评，相互质疑，相互补充等多元互动形式自主构建新知，使学生充分体验了互动学习的乐趣。二是巧妙处理课堂意外生成和学生回答问题的错误偏差。这节课例，有位学生在估计自然博物馆5天中售出门票张数的平均数时，竟估出了1500张，而这组数据的最大数是1300张，老师对这个事件的互动把这节课推向了高潮。最后指出：学生在探索学习的过程中难免会出现这样那样的错误和偏差，而这时恰是组织开展互动学习的最佳时机，老师要鼓励、引导学生通过独立思考、讨论交流、实践验证等一系列有效的方法去寻找正确答案，这样的课堂才是精彩的、有效的。

全体人员最终讨论得出：优秀的教学设计、高超的课堂调控能力、教师的个人素质和专业水平，是让课堂有效多元互动的重要保障。

上述案例很好地展示了多点聚焦工作坊研修模式的活动程序，每次都在活动后实践、反思，再实践、再反思，最终找到了问题的关键，解决了问题。这正是促使教师专业化提升的有效途径。

三、多点聚焦式研修模式的作用

事实上，多点聚焦式工作坊研修模式就是针对同一问题，根据学生实际、现有的教学条件和教师自身的特点，从不同角度进行讨论和思考，从而找到科学而合理的解决方式。这一研修模式的背后折射了从不同角度看问题的思维，它对于提升教师的教学水平，促进教学和教师个人的发展均有着极其重要的作用。

1. 有利于促进校本研修的深入发展

校本研修重视教师的亲身实践，强调从实践中遇到的具体问题入手，问题不在于大而在于小，不在于深而在于真。而多点聚焦则以"同一主题不同思路"的方式切实实践了校本研修活动。在多点聚焦的过程中，同一教学或教育内容就是一个确定的主题，围绕这个主题，教师基于有效教学和教育进行广泛而深入的研讨，收集各种资源，学习相关理论，进而针对问题提出不同的解决方案，然后进行实践。我们知道，在教学实践中，总是会暴露出各种各样的问题，面对这些问题，教师再次进行反思，寻找问题出现的原因，制订解决问题的方案，然后再进行实践，如此周而复始，直至问题得到圆满解决。

正是在这样的一个多点聚焦的过程中，恰好让教师经历了校本研修的各个过程：在专题学习中围绕主题查阅大量的教学工具用书和教育理论专著，精心设计上课的每个环节，提升理论水平；在公开教学中将教学设计付诸实施，观课议课，提升教学水平；在课后研讨中进行说课议课，比较鉴别、求同存异，改进教学方法；在总结提高中反思教学得失，提升实践能力。

2. 有利于提升教师反思能力，促进教学风格形成

自我反思、同伴互助、专业引领是开展校本教研和促进教师专业化成长的基

本要素。多点聚焦的工作坊研修模式为教师们提供了多种处理教材的途径和方法，并由此打开了教师的教学思路，彰显教师教学个性。教师可以按照个人知识背景、情感体验来选择不同的教学策略和教学设计，使课堂教学呈现多样性。教师可以比较不同教学策略的优缺点，学习、借鉴最适合自己的经验和做法，这样有利于教师之间互相学习和借鉴，从而形成自己的教学特色和风格，并反思自己在教学重点与难点的确立、教学方法的选择和教学环节的设计等方面的不足之处，进一步完善和提升自己的教育教学能力。

多点聚焦研修活动促使教师置身于教学情景中，审视和分析教学实践中的各种问题，考量一些对自己深有感触的地方，细究其深层的教育蕴意，品析其得失，剖析其不足之处，然后对这些细节进行重新设计使之更完善，提升自己的反思能力，促进教学风格的形成。

3. 有助于深入研究教学，使研修活动走向实效

有效的教学要求教师备课做到"备学生、备教材、备学法、备教法"。因此有人把备课称为"课前的计划书，课上的备忘录，课后的反思簿"。教师要想成为课堂教学积极主动的决策者，并形成独特的教学风格，就必须进行深入的教学研究，要尽可能地全面研究教材，深刻地熟悉教材，并且注意课的前后联系，而不是孤立地备课、研究。因此，倘若想灵活而富有创造性地运用教材，比如怎样导入，怎样激发学生学习兴趣，怎样抓重点和突破难点，怎样确定一节课的明确目标等等，借助于多点聚焦的工作坊研修模式，教师可以更加客观全面地认识自己，了解别人、互相学习、互相借鉴、不分高低、取长补短，形成了一种新的研究氛围，创设了良性循环的教学研究环境和条件，使教研活动常态化，走向实效，教师教学的创造性也大大得到了激发。

4. 有效促进教师专业成长

教师每天在课堂上要做出无数的教学决定，而且通常是要依据当时复杂的现实情况来判断如何做最好，没有所谓的"正确的"或"单一的"最佳教学决定适用于所有的课堂，多点聚焦的工作坊研修活动为教师这样的决策提供了讨论和学习的案例，从中教师可以发现有效与无效的教学活动，合理与不合理的教学情景等，这对教师的成长都有很大的好处。多点聚焦的工作室研修活动还可以为教师间的同伴互助提供了平台。

总之，不论是课前对课程标准的讨论还是课后对教学设计与效果的分析，都是多点聚焦工作坊研修活动中教师得到发展的重要环节，在这些环节中教师之间的深入讨论互相取长补短、资源与信息的共享等，对教师的成长的作用也是十分明显的。

主题2　线性延伸：多点聚焦式研修模式的流程

多点聚焦式工作坊研修模式，让教师在活动中一步一步寻找到问题的解决方法，其分析能力、认识能力和发散思维均得到提升。这是一种线性延伸的思维发展过程，对于教师的创新精神和创新意识，以及问题解决能力均起到了极其积极的作用。下面，我们通过具体的案例，来了解这一模式的运作流程。

一、提出问题，明确研修目标

在这一阶段，工作坊组织教师们针对一个共同的主题提出自己的问题，然后组织坊内成员进行讨论，从而在主持人和专家的引导下提炼出共性问题，成为研修要解决的问题。当然了，这些要研修的问题不必是唯一的，可以多个，然后将这多个问题作为每一阶段的研修主题，从而推动系列活动的进行。

在确定研修主题后，再依据研修阶段划分，讨论确定出每个阶段研修要达到的目标，并结合总目标，确定研修活动的总体目标。

案例

相当多的历史与社会教师普遍认为，八年级《历史与社会》教学内容多、时间紧，大家共同面临的问题是如何有效地处理教材——用教材，而不是教教材。在时间紧、任务重的情况下，如何用教材显得更为迫切，也是当前教学中的难点问题。因此，工作坊就将研修活动的研究目标确定为如何用教材。

根据如何用教材的主题，坊内教师确定选择一个典型的课题作为研究目标，经过讨论大家以现阶段实际教学内容为目标共同推出了人教版八年级《历史与社会》(上)"新的大一统"。这一课内容较多，知识体系繁杂，一课时（40分钟）完成有一定的难度，必须处理好教材内容，同时，为了让每一位教师真正参与教学研究，坊内决定以案例观摩的方式，观摩坊内每一位教师的授课。各位教师分头查阅与教研主题"新的大一统"相关的资料，建立资源信息库。集体备课时，大家对照课程标准的解读来分析这一课的重点、难点、学生情况、教学方法以及针对各自收集到的资料、课件进行讨论与交流，在这一基础上各人再进行精心教学设计。

二、案例分享，实践修正

在明确目标后，开始系列跟进式研修活动，采用"活动1—实践、反思—活动2—再实践、再反思—活动3"这样的活动顺序，在不同阶段的活动后，再进行讨论，从而不断地推进问题的解决，在发现新问题的过程中解决问题，进而最终实现总的研修目标。

案例

活动1：

工作坊成员观摩坊内甲老师上的一节课的录像，听这位教师把自己在课堂教学中遇到的困惑和大家发现的执教者在课堂教学中存在的问题进行讨论与交流。最终大家围绕处理教材这一主题反思第一节课的教学，乙老师准备执教本课内容。

活动2：

工作坊成员观摩乙老师的上课视频录像，坊内成员讨论，围绕着用教材这个主题对教学设计及课堂教学实效的共性与个性进行点评和诊断。同时请专家解答各位教师的疑惑，提供解决的思路。

三、总结、整理与反思

在两次活动实践后，第三次活动可以围绕上两次案例分享进行讨论，就活动谈各自的收获与体验，总结、整理和反思，让活动的主题进一步深化，从而提升研修效果，深化研修意义。

案例

承接案例。

活动3：

第三次活动中，授课的甲、乙老师将各自的教学设计的修改和教学反思以PPT的形式展示出来，摘录如下：

甲：第二次上课比第一次上课要轻松，我对如何用教材心中更有底气。这节课我紧紧抓住课标——列举古代历史上重要的事件与人物，说出他们在不同区域和特定时期的突出作用来修改教学设计，扣住教学重点——用汉武帝为西汉巩固统一所采取的措施来实施课堂教学，以对汉武帝和张骞的评价来拓展学生的能力。这样教学思路更为清晰、顺畅。另外，自己上过一节课后，在自己反思的基础上去听别的老师的课会有较强的针对性，尤其对自己处理不好的内容有了相应的对照和参考。我觉得自己在用教材上有了突破性的进展，在内容的取舍上有自己的果断的判断力。

乙：第一节课的教学设计有些面面俱到，过于细致，什么都想讲，什么都没讲清楚。听了别的教师的课后，第二节我指导学生重点梳理西汉为巩固新的大一统的措施，分析大汉帝国的治国策略对我们当今社会的借鉴作用，将课堂教学向课外延伸与拓展，将历史与现实生活相结合，提高学生运用知识的能力。可能受第一节课的影响，害怕时间又不够，内容完成不了，教学各环节之间有些赶，感觉自己在主导课堂，想放开又害怕放开后自己收不回来。即使这样，从整体感觉来说，我仍认为自己有进步。

坊内成员共同讨论，谈各自的感受和收获，主持人总结主题，归纳本次坊内主题研修的收获。

主题3 多点聚焦式研修模式的注意事项

多点聚焦研修模式对于解决教学实践中的问题，在发挥同伴互助和专家引领的作用下，可以达到引导教师不断深化认识，自我发现和反思，进而达到解决问题，实现研修主题的目的。那么，采用这一模式组织研修活动时，要达到研修效果，还要注意以下几点。

一、要真正体现教师个性和风格

所谓教学有法而无定法。"有法"在于教学必须遵循基本的教育教学的规律、心理学的规律等进行，还在于教学中必须遵循的一些基本的教学环节……所有这些都是教学中共性的东西，而共性的东西往往无法鲜明反映出具有特色的、有别于其他的东西。这时，就可以说，教学还需要进入"无定法"的境界，即不可能要求许许多多的教师的教学呈现出千人一面的情况，鉴于每个人的个性的差异，不可能将具有无限可能的发展的教学归结为一个同一个模式，也正是从这个意义上，"教学有法而无定法"就是至理名言了。因此，教学必须要面对的事实就是，只有个性的东西才是有价值的东西，就如同只有民族的东西才是世界的东西的道理一样。

同时，人本身具有无限的发展潜质，诚如萨特说："人不是他现有一切的总和，而是他还没有的东西的总体，是他可能有的东西的总体。"就此意义而言，每一个教师都具有巨大的发展潜力，每个教师的发展方向、可以达到的高度呈现出不同的情况。所以，每位教师应该呈现出自己特有的、与众不同的教学风格，但是这种风格什么时候才会淋漓尽致地展现出来呢？在多点聚焦工作坊研修活动中，借助于同一主题的不同活动，在实践与反思过程中，不同的教师面对同一教学主题，充分发挥研修的积极性和主动性，呈现出了不同的面貌，在如教材的处理、环节的设计、问题的提出等各处，都表现出了各自不同的特点。此时，教师自身的教学风格就会得到充分的展现，而坊内其他教师则可以在一次一次活动的比较中，一目了然地看到双方的相同点和不同点，为教师的个性发展提供了充分的空间。

二、要体现教学差异

教学并非工厂流水线上同一模式的机器化大生产方式。教学活动中学习的主体——学生是一个个有思想、有灵性的人；教学活动中的不可预测性也不可能让教学活动成为编好程序、按部就班进行的机械运动。事物的运动与变化是绝对的，教学不可能是一成不变的。为此，在多点聚焦工作坊研修活动中，不管是对教材的分析、教学策略的选用，还是课程理念的体现等，教师们不同的观念在进行碰撞与融合；在实践与反思的过程中，不同的教学个性、不同的教学理念、不同的思考角度、不同的挖掘深度、教学中生成的不可知……所有这些都使多点聚焦真正体现教学的差异，从而体现出教学无限的发展与变化。

这种差异，不仅仅体现在教学方式上的差异，体现在不同的教师根据各自的理解做出的教学行为的差异；它更重要的体现在于对于人的差异的尊重，体现出不同的人得到不同的发展。在这样的坊内活动中，不同的教师出于自己的观点和思路，在自己理解的基础上进行各种不同的考虑，产生不同的构想，进行不断的实践，不同教师的教学观念、教学水平在这个过程中得到了不同程度的提高。

三、要注意最终要归到对人的价值的彰显

多点聚焦工作坊研修活动中的种种差异最终成就了人的不同程度的发展，彰显了人的价值，这是人本理念的切实体现。如果工作坊研修活动只是着眼于一节课、一个课例的研究，只是想着把某一节课弄好，那只是在治标，没有治本。工作坊的研修活动要达到的不是提高一节课的教学水平，而是要整体提高教师的课堂教学水平，提升教师的教学智慧。唯有切实提高教师的课堂教学水平，才能帮助教师从根本上改进自己的教学。因而，多点聚焦活动要围绕人开展，要不断扩展"人"的视野，不断丰富"人"的变化，不断创造与实现"人"的发展的一切可能。

同时，研修活动中还要注意到，多聚焦研修活动彰显人的价值，不仅仅指活动中的一个教师的价值，不仅仅是一个教师在发展；还应该使团结在案例分享的教师周围的许多"人"得到发展。因为教师个人的专业发展，需要自身的努力，更需要集体研讨的良好氛围，伙伴之间的互助与合作同样是教师发展的重要因素。这样，在多点聚焦研修活动中，不同年龄、性别、个性、知识水平和工作经验的教师都参与了研究，都得到了发展。

四、要关注教师自主建构

工作坊采用多点聚焦这一研修模式是针对同一主题，不同的教师个体或群体就同一教学问题，根据学生实际、现实的教学条件，立足于教师自身的特点和教学经验，遵循教育教学的科学规律，在同伴的帮助之下，探究不同的解决问题的方法并付诸实践，从而发现问题、解决问题，最终优化课堂教学，使自己对课堂教学的认识、对教学规律的把握经历一个不断的、螺旋式上升的"认识—实践—再认识—再实践"的认知优化与重组的建构过程。

可以说，多点聚焦的工作坊研修模式的过程进行着猜想、实验、验证、反思与交流等丰富多彩的活动；它是一个极其富有个性、体现多样化的过程；是一个教师与教师之间、教师与学生之间、教师与文本之间的多维的互动过程；是一个围绕同一研修主题进行的广泛的对话过程；是教师个体与群体共同发展的过程，它促进了教师对自己的教学实践不断进行反思和研究，开展创造性教学，使自己的方法更适合学生发展的需要。

在此过程中，无论是教师自己独立的思考，或是坊内教师群体的意见都需要教师自己独立、自主进行建构，他人的一切思想、外在的一切因素都仅仅是提供给教师思考的元素，唯有基于自己思考并付诸实践之后的经验与体会才是真正的财富。

主题4 多点聚焦式研修模式的案例及解读

一、"新课程背景下化学课堂教学优化" 研修案例

1. 研修案例

【环节1：提出问题，明确研修目标】

某区化学学科带头人35人和2位专家形成一个研修工作坊，研修主题是"新课程背景下化学课堂教学优化"。

【环节2：明确教研任务，制订研修方案】

研修方案分为5个阶段，一个学期完成：①明确研修目标，了解课改动向，学习研究方法；②选择研究课题，确定突破专题，集体研讨优化；③确定观察重点，专题研讨突破，设计观察工具；④课堂教学实施，体验课堂观察，巩固研修成果；⑤追踪方案实施，给予专业支持，评价研修效果。

明确研修目标，一是提升学科带头人的化学教学水平；二是学习课堂观察的方法并用于听课评课，为教学改进提供有效反馈；三是提升学科带头人在校本教研中的引领能力，能够引领学校化学学科校本教研。

【环节3：基于学科本质，研究学习讨论】

通过《新课程背景下的化学课堂教学优化》《推进化学新课程的校本研修》两个报告了解课改动向，学习课堂观察听课评课的方法，学习校本教研的组织、规划、实施和评价等策略。

【环节4：选择研究课题，集体研讨优化】

选择教学内容"钠的重要化合物"，学员分为两组。一组集体讨论，对教学内容进行整体性分析和定位，通过课前问卷明确学习者学科基础和学习特点，确立创设问题情境并提出驱动性任务、用分类和对比实验的方法引导学生探究钠的

重要化合物性质的授课思路，并设计教学活动。另一组，根据教学目标和探究活动的设计，确定以教师问题情境的创设与应用、教师的学法指导和学生活动指导、学生的实验设计、学生探究活动的深度、学生小组合作情况 5 个方面为观察重点，分 5 组编制课堂观察量表。这是一个关键环节，专家全程引领、专业支持，教学设计的过程和观察重点的确定、观察量表的编制，就是将所学逐步转化为教学研究和教学实践的行为。

【环节 5：课堂教学实践，深度讨论改进】

实施课堂教学，围绕 5 个观察点进行课堂观察、记录。课后集体研讨，访谈学生了解其思维发展过程、学习优势及学习障碍，任教学员说授课反思，听课学员分 5 组从不同角度反馈观察结果，提出教学改进建议，两位专家再全面地提出教学改进建议。充分碰撞后，从学生学习的角度明确"钠的重要化合物"教学改进的具体方案。

【环节 6：总结梳理交流，多维反思改进】

亲身经历一次专题研究和改进的实践后，每个学员选择一个专题，制订回校后实施的校本教研行动计划，通过集体讨论交流，帮助每人优化校本教研方案。校本教研实施的过程——学员将所学应用于实践，有利于学习成果的固化，也发挥了区级学科带头人的引领作用。实施过程中导师二度跟进，给予专业支持。

经过一个学期、每周半天的培训和团队专题实践，在具体问题的解决体验中，学员们将理念逐步转化为教学行为，且收获了解决自己教学困惑的自信和方法。特别是，学员回到学校还成为化学教研组的"金种子"，带领本校化学教师开展了跟进式、专题性、高水平教研活动。

2.案例分析

上述案例是工作坊就"新课程背景下化学课堂教学优化"这一主题展开的研修活动，这一研修活动采用了多点聚焦的研修模式。我们分析一下这一研修活动。

同一主题——新课程背景下化学课堂教学优化。

三次活动——活动1：就两份报告讨论，学习课堂观察听课评课的方法，学习校本教研的组织、规划、实施和评价等策略。活动2：针对教学内容"钠的重要化合物"，分组讨论并进行教学活动，编制相应的考核量表等。在这一过程中，专家全程引领、专业支持。活动3：实施课堂教学，围绕5个观察点进行课堂观察、记录。然后集体讨论，坊内成员提出改进建议，专家又全面地提出教学改进建议，整合出改进方案，进行再设计。

总结——每个学员选择一个专题，制订回校后实施的校本教研行动计划，通过集体讨论交流，帮助每人优化校本教研方案。

由上述过程的分析可以看到，针对同一主题，三次活动一层比一层深入，活动1是对主题的讨论和分析，同时确定了研修主题过程中的具体方法和措施。活动2则是对内容的讨论分析，也是一种实践，而讨论后的设计就是一种反思后的实践。活动3是对讨论的实践，也是一种实践过程，最后的方案改进则是反思的成果。

总之，这一工作坊研修活动的方式，充分体现了多点聚焦的研修模式。当然，这其中也体现了骨干引领的模式，我们会在后面再讨论骨干引领的研修模式。

二、"减轻学生课业负担有效途径的研究"研修案例

1. 案例展示

【环节1：提出问题，明确研修目标】

主持人：针对"减轻学生课业负担有效途径的研究"这一课题，我们进行了两级子课题分解，我们教研组以第一级子课题（构建有效教学模式，提高教学效率，减轻学生课业负担）和第二级子课题（关注学生学习过程，形成良好课堂文化氛围，促进有效教学）为背景，申报了市级小课题：小学数学课堂活动有效性的探究与实践。

围绕这一小课题，本学期工作坊开展了系列专题研讨。我们上次的话题是："关注学生课堂活动参与度，提高课堂活动设计有效性"。今天我们将以"如何从有趣到有效，提高课堂活动有效性"为话题展开研讨。

在正式研讨之前，先于大家分享学习中的几点收获：

第一，教师在设计活动时应注意在活动中学生不仅是快乐的，也应该是在不断思考的。这样的活动才是有效的。第二，教师在设计活动时，不要就教材教教材，而应该做到合理利用教材上提示的活动，根据本班学生的情况，借用其形式

方法，或借用其内容，改变形式和方法。

学完之后，我们很受启发，积极进行课堂实践，在"六课一周"研讨活动中，我们工作坊设计了有趣的课堂活动，但是仍有不尽如人意之处。接下来请各位老师围绕今天的话题展开研讨！

【环节2：案例分享，实践修正】

A：我先来介绍一下在《前后》这节课中我们所设计的课堂活动。围绕本节课教学目标——认识《前后》及体会《前后》的相对性，我们将它设计成了一个课堂活动。为了激发学生参与活动的积极性，我制作了一个个精美的头卡。第一次，我任选8名学生戴上头卡，把算式的得数按从小到大的顺序排列，排好后下面同学检查，紧接着让这8名学生将头卡转赠给他们座位后面的同学；第二次，我让拿到头卡的学生把得数按从大到小再一次排列，下面的同学检查后，仍然将头卡转赠给他们座位后面的同学；第三次，我继续让戴头卡的学生把得数按从小到大的顺序排列。在他们排的过程中我发现：学生参与活动的兴趣在逐渐减弱，因此，我及时作出调整，立即提问："请队伍中的第五名同学举手，大家来说一说他的前面有谁，后面有谁呢？尽管如此，效果仍然不理想，我觉得这个活动的有效性还有待提高。"

坊内成员围绕分享的案例进行讨论：

B：……正如我们前面学习分享中提到的，我们不能就教材教教材，而是要合理地利用教材，根据学生的特点选择适合的教学方法。课后，A老师针对这节课在执教过程中存在的问题进行了深入的反思，尤其是头卡游戏，觉得没有达到预期的效果。我觉得虽然这个活动有不足之处，但是，亮点也很突出……

……

D：A老师在本课活动设计中，的确注重了有趣环节的设计，头卡的使用充分地体现了这一目的。不仅吸引了学生的注意力，而且充分调动了全体学生的学习活动热情。但是，从活动效果来看，活动的有效性并不十分令人满意。当活动展开时，教师出示头卡，挑选8名学生上台参与活动过程，全班学生被漂亮有趣的头卡深深吸引住了，大家参与活动的热情高涨，人人跃跃欲试。可是当A老师最终确定了活动人选后，我注意到了，台下那些没被选的学生，学习情绪和参与活动的关注度明显降低。而这时A老师可能更加关注的是与台上学生的学习互动过程，却忽略了与全班学生的整体学习交流。这时的课堂活动氛围明显是台上、台下两个样。从中我有了一些学习活动体会，虽然每个学生在同一时间段参与学习活动的角色不同，但认知目标必须是统一的。A 老师如果能在活动设计中给台上、台下的学生设计一个更加明确的活动目标，或者一定认知冲突的问题，让每个学生都认为自己是活动的主体，都来积极参与活动的全过程，这样就能更好地提升课堂活动的有效性，我相信老师的课堂教学效果一定会有明显的提高。具体该怎样设计问题活动和老师如何操控指导活动过程，我在这里也想听听其他老师的想法和见解。谢谢！

E：……我还想说说我不同的观点。课堂活动不仅限于学生行为活动的参与，更重要的是思维活动的参与。A 老师设计的这个活动，三组同学上台仅仅进行了大小排序，然后将头饰传给座位后面的同学，这中间老师只针对台下的同学抛出了一个问题。我觉得在这个活动中老师设计的问题过于简单，没有更好地引发学生思考，我认为在设计这个活动时，应关注不同角色的学生。……我认为我们在设计课堂活动时，不仅要激发学生兴趣，更要引发学生思考，这样的课堂活动才更具有时效性。

F：A 老师让大部分学生参与活动，却只是让学生去"参与"活动，这样的活动只是停留在实际操作的层面上。在活动中应该让学生把自己的想法展示出来，老师可以提问学生：你是怎么想的？你准备怎样做？这样可以让学生展示自己的思维过程，有利于学生结合所学内容解决问题，发展学生的思维，提高课堂活动有效性。

G：正如前面的老师说的，A 老师设计的活动，头饰很精美，学生刚开始时参与的积极性很高，但是我们可以发现，后面的两个活动中，学生的兴趣在递减，我认为，原因就是在后面的活动中，学生已经没有悬念了，也没有了挑战性。所以，我觉得活动的设计一定要有层次性，每一活动都能引起学生新的冲突，这样才能保持学生积极参与活动的兴趣，使课堂活动的设计更为有效。我考虑是否可以这样设计……这样的设计就有了一定的层次性，不仅让更多的孩子积极地参与了活动，也和本节课的目标紧密地结合了起来，我觉得会更加有效。

H：G 老师的说法我也非常赞同，活动一定要有层次，我认为第三次活动这样设计更能体现层次性，A 老师在第三次活动中请了 8 位学生上台，这时可以指定其中一位同学，如 5 号，让其他同学说一说他在谁的前面、谁的后面，然后 A 老师可以让这一列同学集体向后转，再次观察 5 号同学的位置，说一说他在谁的前面、谁的后面，通过活动，让学生体会到前后位置的相对性，比前两个活动的难度提升了一些，引发学生的思考，较好地实现了课堂活动的有效性。

专家指导：各位老师从不同方面谈了如何提高课堂活动的有效性，老师们说得都很好，我再补充一点。参与课堂活动是考验学生学习能力的重要环节，但是学生活动需要老师适当指导。老师的有效指导是提高课堂活动有效性的一个重要的手段。低年级学生的知觉性、选择性发展不健全，很难长时间保持有意注意，因此，在每次活动过程中和活动结束后，A 老师最好可以进行恰当指导。A 老师抛出活动后，可以对学生进行操作前指导。教师要指导台上学生怎样操作，帮助他们获得信息资料。教师也要指导台下学生仔细观察，一是观察重点，比如指导学生观察什么，以提高活动的目的性和针对性；二是观察的方法顺序，比如指导学生怎样观察，发现活动中的亮点与不足，引导学生将观察与实践有机结合，再进行再次实践。这样可以确保学生在头脑留下准确、完整的表象，进而达到促进分析、综合、概括的作用，去理解抽象的东西。所以我觉得老师的适当的指导是提高课堂活动有效性的一个重要方面。希望我的这点建议能对 A 老师有所帮助。

……

【环节 3：总结、整理与反思】

W：大家好，听了各位老师的发言，我也很受启发，下面我就针对课堂活动的有效性，结合着 A 老师的案例来谈下自己的看法。刚才各位老师在谈的过程中我听得很用心，因为我不清楚老师们会谈出什么观点出来，但是大家谈的时候有些观点引起了我的共鸣。听完之后，我有个感觉就是说想提醒大家我们在课堂活动设计的时候，真正有效的课堂活动它一定是围绕目标来开展的。我们先来看，课标改变以后，新课标里总的目标从过去的"两基"改为现在的"四基"，那就是基础知识、基本技能、基本思想方法、基本活动经验，关于这部分的具体内容课标里也有明确的要求。A 老师的案例涉及的内容实际上是图形与几何这部分的图形与位置板块，关于这个内容，课标中也有具体要求，就是说能够用前后描述物体的相对位置，所以刚才 A 老师阐述她的这节课目标的时候，我听得很用心，她谈到她的结果目标是认识前后，认识前后就是说孩子要能判断谁在前、谁在后，她的过程目标提的是体会前后的相对性，刚才大家在提建议的时候，还是引起了我的注意，……刚才老师们给出的建议特别好，……这些老师给出的这些建议，都能很好地帮助 A 老师来落实这个活动的目标，真正让孩子们有效地活动。

2. 案例分析

从上述工作坊研修的实录来看，这一研修活动体现了多点聚焦的研修模式特点。从整个研修活动的进程来看，体现了多点聚焦研修模式的运作过程：首先是提出共同主题，即"减轻学生课业负担有效途径的研究"，然后围绕这一主题开展研修活动。我们从主持人的介绍中，应该可以发现，案例节选的应该是活动 3 的内容，由活动的前后可知，在此之前，活动 1 应该是坊内成员就研究课题进行了讨论，将大课题拆分成了两个子课题，而活动 2 是围绕着子课题展开的，此处节选的活动 3 是在活动 1 和活动 2 的基础上展开的案例分享和讨论，最后总结、整理与反思。

从案例中坊内教师的发言可以看到，整个研修活动的气氛相当平和、自由，坊内成员在一种相互研讨的氛围中互相学习，教师的专业素质得到了提升，坊内成员提出的建议，不但中肯，而且其背后的教育素养也相当深厚。

三、"小学数学开放性（计算题）课堂教学"研修案例

1. 案例展示

【环节 1：发现问题，确立主题】

主持人：研究始于问题，校本研修的问题如何发现，主题如何确定，那就是来自对新课标的理解，来自教学中的困惑，优秀教师的启发，以及教育科研的需要。本次活动，我们从开放性教学谈起。上次的工作坊研修活动中，大家讨论了数学学科教学中普遍存在的教学问题，相当多的老师就计算教学有效性进行了各种尝试，但总是有多数学生计算正确率不高，计算方法单一和死板，不会用不同的方法验算。这个问题一直困惑着我们工作坊成员。考虑到开放式教学对于发掘学生的潜能、满足学生的心理需要、培养学生的创新意识和实践能力、克服传统"封闭式"教学的不足、适应开放的社会教育要求的积极作用，我们以"新课程背景下小学数学开放性课堂的实践与研究"为载体，进行工作坊的校本研修活

动，以期通过这一研修活动促进学生计算能力的提高，促进教师的专业发展。下面，请大家讨论一下，造成学生数学计算能力较低的原因。

坊内教师讨论，发现造成问题的原因，并提出解决问题的设想：

产生问题的因素	提出解决问题的设想
1. 教材因素：教学的内容是激发学生产生学习兴趣的一个重要的因素，而良好的学习兴趣能提高教学的有效性	1. 教材存在着主观划一、过于分散、远离学生的直接经验和生活世界的问题。采用"调整""合并""补充"等方式进行结构重组，激活 2. 对单调、乏味的教学内容（将以符号为主要载体的书本知识），通过改进教学手段或教学形式，重新激活，唤起学生学习的内在需求、兴趣，提高学生的学习参与率
2. 教案预设因素：呆板的教学模式和单一化的课堂教学结构	1. 开放教学目标，张扬学生个性 2. 巧创开放情境，激发学生的学习兴趣 3. 运用变式教学，开放教学的研究形式，培养学生的探究意识，让学生体验知识的生成 4. 开放性练习题设计，培养学生创新能力
3. 学生因素：学生原有的学习习惯、学习基础和思维方式对教学的有效性提高有影响	1. 通过课堂教学评价等环节，激励学生改变原有的学习习惯 2. 开放教学的空间形式，引导学生进行发散性思维
4. 教师因素：教师在课堂教学中的综合素质影响到教学的有效性	1. 开放教育思想，实现教育观念的现代化，开放学习评价，让学生体验成功的喜悦 2. 共同备课，相互听课、评课提高教师的综合素质

【环节2：寻找依据，合理设计教学】

主持人：此前我们分析了造成学生计算能力差的原因，接下来，请大家带着问题，围绕主题，从理论方面寻找相关的资料，并结合我们的学科特点进行讨论。

坊内教师纷纷结合相关的理论资料，讨论解决的方法：一是在教学内容的选择上，要注意选择贴近学生生活的题材，以吸引学生；二是教学语言要简练、清晰、不重复；三是预设提问的目的性要明确，避免出现无教学目的的教学提问；四是预设教学目标、情境和练习题设计要开放；五是学生思考问题时，要考虑到学生在不同时段的学习状态，留给学生充分的思考时间；六是要在设计评价时，鼓励学生解决问题的多样性和参与性，以提高评价的有效性。

在获得理论支持，找到了解决的方法后，坊内成员针对三年级下册《笔算乘法（不进位）》一课进行讨论，由A老师备课，并在活动后执教，录好视频。

【环节3：案例分享，实践修正】

主持人播放A老师授课实录，坊内成员针对视频内容进行讨论和评析，肯定优点，指出不足并给出建议。

【环节4：总结、整理与反思】

执教者反思：在实际教学中，我在"组织全班讨论、交流各类方法，提出自己的疑问一起解决"这一环节的处理上存在不当之处。学生出现多种计算方法，有拆因数法、正确的竖式计算，也有错误的竖式计算。组织讨论时我问了这样一个问题："观察黑板上同学的算式，你有什么意见或不同看法可以提出来。"学生们就从错误的竖式入手，说明它的错误点，导致再去观察其他竖式时出现了重复现象，破坏了层次感。其实在这一环节的处理上，教师要充分发挥引导者的作用，带领学生从横式即拆因数法出发逐一去分析，将错误的方法放在最后处理，这样层次感更强些，符合学生的认知特点。

坊内其他老师们就A老师的这节课展开了热烈的交流和讨论，对其实施的策略予以表扬。专家在对其予以点评的基础上，给出"具体的创设要营造生动、有趣、富有挑战性的生活情境，以充分丰富学生的数学经验和使其坚持扎实搞好'四基'"的教学建议。

主持人就坊内研修活动主题将大家的共识进行总结归纳，提出供大家在计算题开放式课堂实践教学中应用和改进：一是关注开放问题的指向性；二是关注自主探索的高效性；三是关注操作材料的结构性。

2. 案例分析

上述案例中，紧扣"小学数学开放性（计算题）课堂教学"这个主题展开研修。研修模式采用了多点聚焦的方式，以同一主题为中心，采用比较研究的方式，以微格分析的方法，对相关的案例进行研究的同时，加以评析和指导，让坊内成员在思考的同时，获得提升，实现了促进校本研修的深入发展，提升教师反思能力，促进教学风格形成，深入研究教学，使研修活动走向实效的目的。

四、"美术与其他学科间的互相渗透和融合"研修案例

1. 案例展示

【环节1：提出问题，明确研修目标】

主持人：我们工作坊本次研修主题是"美术与其他学科间的互相渗透和融合"。本次研修活动是以课例研讨的形式进行，欢迎今天到坊的老师积极发言。下面，请大家就这一主题首先来谈一谈各自的看法。

坊内成员互相交流，纷纷发表自己的看法。

【环节2：案例分享，实践修正】

为了在教学实践中解决如何培养学生想象力、创造力的问题，我们以《快乐的动物园》为例进行研修。请大家先观看W老师执教的教学视频，就以教师为主导，学生为主体，师生互动，在激趣引入、启发指导、合作练习及展示反馈等环节中，如何集中体现美术与其他学科间的互相渗透和融合这一主题进行讨论。

主持人播放课堂授课视频，坊内成员认真观看视频，随后结合视频内容讨论"美术与其他学科间的互相渗透和融合"在教学中的处理和教学环节中的表现。

主持人：刚才大家观看围绕"加强美术与其他学科间的互相渗透和融合"这一主题进行的课堂教学，并进行了讨论交流，现在先由W老师来说课。

W老师：《快乐的动物园》是冀教版义务教育课程美术第一册第十三课，本课是以"综合探索"为主的学习领域。上课前我们查了很多资料，设计了多种教学环节。新课程标准倡导"加强美术课与其他学科的联系，就是要打破美术与各学科之间的壁垒，突破学科的界限，整合学生的知识，把美术与相关的学科（如语文、音乐、思想品德等）有机地结合起来才能得到发展"。针对这一新课程理念，我们设计了"猜谜、表演、欣赏、想象、绘画、创作、评价"这几个教学环节。

一、激趣导入

考虑到一年级学生好奇心强，由动物的谜语引入，激发学生的兴趣，引导学生自主地参与学习过程，使学生从中了解动物的声音、形态，并通过表演，锻炼孩子身体的协调性，在情感、态度、感知和内容上为本课作积极铺垫。

二、欣赏各种动物的形态特征和生活习性，和学生一起浏览图片

1. 用各种动物的活动录像和图片，引导学生观察其生活习性和活动规律。

2. 用各类动物活动场面的视频及图片资料，引导学生赏析、比较动物的颜色、外形、斑纹、动态等，认识动物之美和可爱之处。

3. 分组讨论及汇报：最喜欢哪种动物？为什么？知道哪种动物的故事呢？

（教师引导学生思考后发表自己的看法：你觉得这些动物漂亮吗？你喜欢吗？为什么？）

简介一两个自然保护区，引导学生感知并发现动物之美和它们的"可爱"，激发学生热爱动物，关注动物的生活情感。

三、自由创造

教师扮演小鸟姐姐来到学生中间让同学们帮忙创设情景，不仅激发学生的创作热情，还唤起了他们保护动物的社会责任感。

四、作品评价

1. 将作品粘放在黑板上创设的快乐的动物园里，学生们很有成就感。

2. 想一想，你画的小动物，它会说些什么，做些什么。

五、总结

先让小鸟姐姐说出动物与人类是好朋友，共同生活在一片蓝天下，人类应该共同爱护环境，爱护小动物，并将德育教育渗透其中，再和小鸟姐姐跳舞结束。通过放音乐、跳舞，学生的情绪被推向高潮，本课的内容得到拓展延伸，深化了主题。

主持人：智慧在碰撞中更美丽！现在我们进行讨论交流。看了授课视频，也听了 W 老师的说课，大家肯定会有很多话要说，希望大家畅所欲言，一点两点都可以，随便谈谈！

老师 1：一年级学生好奇心强，通过老师出谜语让学生猜这一环节，拉近学生与老师的关系，更好地激发了学生的兴趣。

老师 2：在孩子们的心里，动物是可爱的，他们愿意和动物平等交流并且成为好朋友。如果观察孩子在动物面前的表现，我们会发现，孩子会将成人对他们的态度、情感和爱的方式，活灵活现地表现在动物身上。

老师 3：爱动物是孩子的天性，在他们眼里，动物永远是可爱、可亲的。因

此，儿童时期是播种纯真、友善的最佳年龄阶段。让孩子们从小就要感觉到身边到处充满着友善和爱，这样，才能促进他们的身心健康。

老师4：学生对大自然生命的体验，有着一种情感的投入和关爱。通过小鸟姐姐来到学生中间让同学们帮忙创设动物乐园这一设定，学生为动物们创设一个快乐温暖的家，增强了学生们的环保意识。

老师5：放快乐的音乐和小鸟姐姐一起跳舞结束活动的运用达到了预期目的，学生在音乐舞蹈中体验到了绘画的乐趣。

老师6：本课的作业评价这一环节，设计过多，评价过多。从本课看，我觉得每个学生的作品都体现了自己的想法，包含了自己的情感，已达到了本课的教学目的。不能用作品的质量好坏抹杀孩子的创作激情。让全体学生保持丰富的想象力，积极的创作欲望比粘贴几幅优秀作品更有意义得多！

主持人：刚才老师们的讨论很热烈，对如何培养学生"想象力和创造力"发表了各自的意见，下面恳请与会专家在课改新理念、新教法等方面给我们指点迷津。

校长：只要我们教师心中有学生，为他们的发展着想，让课堂少一点模仿，多一份创新；少一点形式，多一份平实；少一点平庸，多一份智慧；少一点专制，多一份人文精神，使课堂成为师生向往的学习殿堂。本课教学虽然在教学设计上有较大的突破，但并没有摆脱传统美术课的束缚，教师讲的较多；另外在童话故事、歌曲运用和过渡上还显生硬、不自然。

主任：这次活动营造了一个有效、务实、探索的教研氛围，非常好。这里只提出一点：教师出示的范画过多，可能对学生的创造思维有一定的局限影响，应掌握好分寸，更充分地调动学生的想象力、创造力。

【环节3：总结、整理与反思】

主持人：本次工作坊研修活动中，大家积极发言，也非常感谢校长、主任给我们这么好的建议、指导，让我们受益匪浅。由此我们看到了在传统的美术教学中，着眼点主要放在绘画技法、知识的传授上，是围绕物图、比例、色彩、明暗、透视等具体内容展开的，而忽视了比技能更重要的智能因素。美术与其他学科间的互相渗透和融合，是现代课程改革的发展趋势。新的《美术课程标准》提出要"加强美术课与其他学科的联系"，就是要打破美术与各学科之间的壁垒，突破学科的界限，整合学生的知识，把美术与相关的学科（如思想品德、语文、音乐与信息技术等）有机地结合起来。这样，不仅有利于激发学生的学习兴趣，提高美术课堂教学的效果，还有利于学生综合思维与综合研究能力的培养。

苏联教育家苏霍姆林斯基曾说："在人的大脑里有些特殊的、最积极的、最富有创造性的区域，依靠把抽象思维跟双手精细的动作结合起来，就能激发这些区域积极活跃起来。如果没有这种结合，那么大脑的这些区域将处于沉睡状态。"为此，我们围绕着这一主题，在讨论交流活动中，获得几点启示：

第一，教师在教学中要灵活地运用好多方面（教材、生活、文化）素材，培养学生的综合学习能力和创造精神。

第二，整合学生的知识，把美术与相关的学科（如思想品德、语文、音乐与信息技术等）有机地结合起来。

第三，面向全体学生，让每一个学生都能体验到绘画的乐趣。

第四，与学生生活经验相结合，不断激发对美的感受力。

今后我们将进一步反思、内化，并将其用之于教学实践中。在以后的教学过程中，我们要不断地改进教学方法，上好美术课，努力为学生创造一个轻松愉快、有趣味的学习环境和气氛，使学生感到上美术课是一种享受、一种娱乐，提高学生的美术素养、审美意识，把我校的美术教学推向新的高度。

今天的活动到此结束！谢谢领导的帮助、指导，谢谢各位老师的热情参与。

2. 案例分析

在这一案例中，按"提出问题，明确研修目标；案例分享，实践修正；总结、整理和反思"这样的活动程序，紧扣"美术与其他学科间的互相渗透和融合"这一主题，在观摩案例后，针对案例进行分享和讨论，找到成功之处，发现不足之处，进而进行实践修正，帮助教者提升的同时，坊内其他成员也得到了提高。最后的专家总结和点评，对于提升认识起到了积极的作用；而主持人的总结，让认识得以深化，让能力的提升落到实处。

专题五

工作坊研修模式三：短程互助式

　　短程互助式工作坊研修模式，其背后体现的就是校本研修中"同伴互助"的研修模式。作为在基础教育课程改革背景下兴起的这种工作坊研修模式，它强调合作、探究，并以二者为主要形式，让坊内教师之间通过互相研修构建学习型组织，促进教师的专业成长，进而成为教师走上专业化之路的重要方法。

主题1 短程互助式研修模式的特点、程序和作用

所谓短程互助式，就是工作坊在组织活动时，围绕某一个目标，或针对某一具体问题而设计。既然短程互助式工作坊研修是以同伴互助为其理论依托，那么，这一研修方式无论在特点、模式还是作用上，均与同伴互助式有些相似之处。下面，我们一起来看一看这种工作坊研修模式的特点、模式和作用。

一、短程互助式研修模式的特点

作为一种工作坊研修模式，短程互助式主要集中在实践领域，它可以让工作坊的研修活动定位在解决教师当下亟须解决的问题，集坊内众人之力，在专家指导下，让教师在短时间内有针对性地解决问题。它具有如下特点。

1. 内容短小，目标明确

短程互助式工作坊研修方式只需要一次活动或几次活动就可以达到目标或解决问题，其内容短小精悍，直接指向教师的具体要求，满足教师的差异性需求。一般来说，每个教师在一个学期内，均可以根据自己的需要选择参加最为合适自己的工作坊。

2. 突出互动，实现互惠

短程互助式工作坊研修模式，紧扣"互助"这一中心，因此在活动形式上突出了互动性，于活动效果上就显示出互惠性。关于这点，可以从以下两方面来看。

（1）就互动这一特点而言，是有着相应的理论依据的。

依据团体动力学理论，在专业发展中，个体教师可以通过与其他同事的互动而接受他人的影响，从而带动自身的不断发展。从建构主义理论来说，教师学习

活动的内在机理是互动，即外部（个体与环境的互动）和内部（个体与自身的互动），并且前一种外部互动促成后一种内部互动。外部互动包括"人—物"活动和"人—人"活动，无论是何种外部活动，它都必须借助于一定的学习形式来实现，而工作坊中的同伴互助就是一种特殊而有效的学习活动形式。坊内教师之间同伴互助学习的外部活动与交互还有其自身的特点，在短程互助工作坊研修中就表现出来：一是强调教师互动的主动性，即教师个体本着自愿的原则来参与坊内活动。二是教师掌握互动的技巧，即教师所拥有的可以拿来与同伴分享的内容相当丰富，如知识、技能、态度、学习习惯、理想或情感化的准则等。倘若教师提前掌握了一定的传达技巧，就可以有效地促进坊内活动时同伴间的互助学习。三是坊内参与活动者需要学会交往，互相融合，构建共同的价值和意义。

（2）就互惠这一特点而言，是指工作坊在进行短程互助式研修时，让教师群体中的每个人都受益。

教师专业发展要求我们要更关注、引导和促进教师个体之间的互动。倘若我们将视角缩小，就将教师锁定在"个体"这一微观领域，就可以看到教师个人"被卷入一个巨大的互动过程之中，在此必须对不断变化的行动进行相互调适。这一互动过程不但要向他人表示自己的所作所为，而且要对他人的行动进行解释。而短程互动式工作坊研修模式，让不同的个体之间在共同的活动中进行互动，在教给他人知识与技能的同时，也从他人那里，从这个工作坊组织里学到他人的知识与技能，在这样的学习共同体中，教师个体生命彼此互相关照，共同发展，形成了互惠关系。

二、短程互助式研修模式的程序

短程互助式工作坊研修活动，最好由学校来组织。学校要有针对性地组织不同问题的这种短程互助式工作坊，比如针对教师的心理问题、班级管理中的沟通问题、职业生涯的发展问题等一系列与教师心理成长相关的问题，学校可以利用心理教师和优秀班主任等教师资源，让他们担任主持人，针对教师自身存在的心理困惑和在班级管理、课堂教学、师生关系等方面的心理需求，采用互助工作坊的形式开展短期的校本专项研修。但无论以何种主题展开的这种研修，均要遵循一定的活动程序。让我们结合下面的案例，一起来了解这种研修模式的运作程序：

🔲 **案例**

活动 1："蜈蚣翻身"

把四十几个人通过 1、2、1、2 报数分为两组。大家手拉手，然后排队从缝隙中转。热身活动让远道而来的杭州某中的领导与我校老师迅速拉近了距离，减少了陌生感。

活动 2："啄木鸟在行动"

每位老师把手背在后面，嘴里叼一根吸管作为啄木鸟的嘴，传递"虫子"（橡皮筋）看彼此配合的默契度。

活动 3："时装秀"

每组在 15 分钟内用报纸和包装绳做男女各一套衣服，选一队模特表演。

活动 4："我说你画"

一组是让一人描述其他人画，不许提问，不许看。另一组还是一人描述其他人画，但可以提问，交流。通过两组的对比，老师们深刻体味到沟通的重要性。

上述案例就是短程互助式教师工作坊的活动展示。这是一次以"沟通的艺术"为主题的工作坊活动，围绕主题组织了四项活动，每一项活动均是以服务于中心主题为目的的。由此可见，关于短程互助式的研修方式，就其活动展开的形式而言，通常以"中心环绕"的方式组织活动。

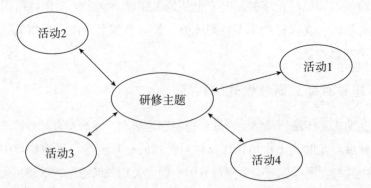

一般来说，首先确定一个中心，然后围绕这一中心（即研修主题），组织活动。活动可以进行一次或多次，但总体中心不变。比如可以设计相应的"教师心理减压工作坊""教师生涯探索工作坊""师生沟通艺术工作坊""班级活动设计工作坊""教师自我形象设计工作坊"等，围绕"教师心理成长"这个目标和中心，每个工作坊开展一次或几次活动后，进行总结，让教师得到提升。

三、短程互助式研修模式的作用

人是群居的动物，人类的本性需要相互关爱、帮助、激励和合作。现代社会是一个知识型的社会，个人的力量是有限的，合作才是解决问题、提高效率的前提。因此，体现了同伴互助特点的短程互助式工作坊研修模式，在校本研修活动的进行中，不但可以发挥提升教师专业能力的作用，而且在团队意识的提升上也起着积极的作用。具体来说，这一工作坊研修模式具有如下作用：

1. 让教师找到归属感

在每个人内心的深处，都会有着较强的归属感，个人的生活要归属于某个家庭，社会的生活要归属于某个团体。组织得好的工作坊短程互助的研修模式可以将每一个成员都聚集在一起，让他们成为组织中不可或缺的一员，成为参与者、受益者，能够使参与到活动中的每一个人都品尝到合作的快乐，在心理上找到归属感。特别是以前游离于集体，不受领导、同伴重视的教师，通过这种方式可以得到一个很好的心理支持。

2. 激发坊内成员教育教学的创新意识

水尝无华，相荡乃成涟漪；石本无火，相击而生灵光。思维和思维的相撞产生出思想的火花，一个个闪耀着智慧的新点子、新思路、新办法就在工作坊内教师之间的互相讨论、争辩、交流中产生了。

3. 使坊内成员汲取更多的知识、经验和力量

人们常说：一个苹果两个人分，一人只分得半个苹果；一个思想两个人分享，就成了两个思想，如果若干个人共享，那就是若干个思想，一个人的经验就成了大家的经验，这样的学习何止是事半功倍，它的效率呈几何基数增长。工作坊作为一个学习共同体，它带给教师的力量远远大于教师自己个人的努力，尤其是短程互助式研修模式，更让教师从中获得团队的力量，助力教师成长。

4. 减少坊内成员工作负担

借助于短程互助式研修方式，工作坊内的成员之间可以达到资源共享、成果共享，这样可以省去许多人单打独斗的努力过程，解放教师的时间和精力，同时

也使个人的劳动更优化。

5. 使坊内教师支持教育教学改革

当个人试图单独实施革新时，往往不太会发生重大的变化，当教师集体参加时，教育改革会更成功。这也是当前短程互助式研修方式在校本研修过程上发挥的巨大力量。尤其是这种研修模式还是在工作坊这种团队中进行的，更能对教育改革产生巨大的影响力。

总之，校本研修活动相当讲求团队精神与同伴互助。这种不同于以往的研修方式注重于个体的自我钻研的特点，一改教师间的联系沟通较少，缺乏主动交流的局面，让短程互助式工作坊研修模式的积极作用显现出来。同时，伴随着信息时代的到来，学生见多识广，变得越来越聪明，也越来越难驾驭，以及学科日趋综合，教材的综合性越来越强，教师的创造能力和综合能力也需要得到提高。而这一切光靠教师的个人努力已难以胜任，必须要在团队合作的前提下，借助于同伴之间的互助与交流，依靠集体的力量、众人的智慧方能解决教育教学上的问题。这更加说明了建立在团队合作和同伴互助基础上的这种短程互助式研修模式的积极作用。

主题2 中心环绕：短程互助式 研修模式的运作流程

案例

"合作与竞争"短程互助式研修活动

活动1：热身活动

三人一组，听指令做动作改变组合。三人组合一人为松鼠，两人为樵夫。两人用手搭成人字，松鼠在其中。指令为松鼠搬家、樵夫改架、森林大火。松鼠搬家，小松鼠互相换窝，樵夫不动。樵夫改架，樵夫重组，松鼠重新找窝。森林大火，大家都重组，松鼠可变樵夫，樵夫也可变松鼠。找不到家的松鼠被淘汰，找不到松鼠的樵夫也被淘汰。这个活动的目的在于让大家产生危机感，要不停地为自己的生存奔波、思考。

活动2：寻宝

5人一组，按清单找上面罗列的物品，大家各发挥各自的能力去寻找，工作坊内成员感觉如同回到了天真无邪的童年，为了自己的团队可以不惜一切代价去争取。

活动3：设计一个公益广告

材料：白纸、笔。形式：任意（画画，表演均可）。

所有的组还是都用了画画的形式。我们组的主题是水——生命之源，号召大家珍惜水，不要浪费水。我们是以连环画的形式表现的，第一幅的地球像一个充满水的容器，几大洲都是郁郁葱葱的，边上一个水龙头开得很大；第二幅水只剩一半，水龙头依然开得很足，绿化在减少；第三幅水几近枯竭，绿化消失，水龙头中只剩几滴水……

活动四：高空抛蛋

材料：一个塑料袋，一条 1 米的绳子、一张报纸、一颗鸡蛋。要求：用这些材料做道具保护鸡蛋使其从高空丢下去不碎。

由上述案例中的活动可以看到，这些活动主要都是围绕组内合作与组间竞争举行的。在活动过程中，每个人都是一个独立的个体，都有需要和别人合作的地方，同时，每一个人也要有和其他人竞争的方面。这种工作坊内的活动就是典型的短程互助式研修模式。那么，这种模式具体的运作程序是怎样的呢？

一、明确中心，确定环节

运用短程互助式进行工作坊研修活动的第一步就是要明确活动的主题，即中心，并在这一中心主题的指导下，围绕主题拆分子课题，并针对子课题安排并组织相应的活动。

案例

环节 1：明确问题，确定环节。

主持人：《青海高原一株柳》是一篇抒情性很强的散文，思想深刻、语言华美。我们老师在挖掘这一课的时候一定发现，可教的东西非常多，是一篇教学资源异常丰富的课文。词语可以教，句式可以教，篇章结构可以教……这就产生了一个问题，这么多的内容，面对有限的教学时间，我们该怎样取舍？请大家发表自己的看法。

坊内老师开始讨论，纷纷提出自己的看法：

A 老师：一篇课文到底教什么，我觉得首先要看学情……

B 老师：……同样是关注表达，关注的内容也不一样。

C 老师：对。让学生给故事起名字，训练的是对文本内容的概括、加工、再创造的能力。而薛老师从头至尾强调了一个悬念……

……

主持人：大家都说出了对这一问题的看法。那么，我们这次工作坊研修活动，就以"教学资源丰富的课文该如何取舍"为主题，分两个子课题进行研修，这两个子课题分别是"应该怎样教"和"什么最值得教"展开。坊内大家分为两个组，对这两个子课题进行研修。

在这一案例中，主持人引导大家就一篇课文进行讨论，请大家对文章内容的取舍发表自己的看法。如此一来，就引发了讨论和交流，在大家讨论和交流的基础上，引出本次研修活动的主题："教学资源丰富的课文该如何取舍"。接着围绕这一主题，分两个子课题"应该怎样教"和"什么最值得教"展开研修，进而确定了研修的中心，体现了一个中心、多个角度的短程互助的特点。

二、分步行动，归于一心

在环节1的不同角度研讨的基础上，工作坊内成员结合两个小组的不同研修方式和研修主题展开讨论，获得对于课题的共同认识和解决问题的方法，从而获得理论和实践的提升。

案例

环节2：分步行动，归于一心。

A小组围绕着"应该怎样教"，由一位老师备课，并就备课中的问题与大家讨论、交流，在大家的帮助下，完成教学设计，并在课堂讲授，录制教学视频。小组再次以教学视频为示范，展开研修活动。B小组则针对"什么最值得教"搜集相关理论资料，小组内部展开讨论，并以一些名师的教学视频为依据，讨论交流，开展研修活动。两组活动完成后，坊内成员共同观看A组教学视频后，针对教学实录，结合B组的讨论结果和理论依据进行分析和讨论，指出优点和不足，并总结"应该怎样教"和"什么最值得教"的策略。

上述案例中，工作坊内的成员分为两个小组，从不同角度围绕主题，以两个子课题为核心进行研修。于是从不同分支展开了研讨，两个小组采用的方式不同，但讨论的中心主题是一样的。两个小组在研修活动中进行交流和讨论，获得研修主题的解决策略。这正是互助式研修的突出特点。

三、总结归纳，强调核心

在前面研修的基础上，专家引领，指出研修中发现的问题，并对坊内研究的各环节，尤其是子课题的问题解决提出指导意见，主持人总结课题研修的收获，强调活动的核心，从而理清认识，强化提升。

案例

环节3：总结归纳，强调核心。

专家针对两个小组的讨论结果，提出建议：语文是最重要的交际工具，首先就要教学生学会阅读与鉴赏，读懂文章，正确理解别人说了什么、怎么说的；其次就要学习表达。语文又具有人文性，要考虑如何通过咬文嚼字走进文本，实现人文性与工具性的完美结合，结合得了无痕迹。这是比较高的理想境界，值得我们倾一生之力追求。

主持人总结：坊内老师们围绕着"教学资源丰富的课文该如何取舍"这一课题，分两个子课题展开研修。两个子课题的组织形式也各具特色。尤其是针对子课题"应该怎样教"的内容，坊内大家进行了辩课，从不同人的角度，包括同行分析和追问，授课教师自我陈述，以及学生的反馈，分析授课老师对内容复杂的课的处理，涉及的内容包括教学内容的安排，学生的理解和反馈，可谓既有共同点的分析，也有各自特色的归纳，可谓各具千秋。而这些优点是在大家的争辩中一一展示出来的，被大家发现的。对于子课题2"什么最值得教"中所针对的教学重点和难点的解决，则在坊内大家的讨论和交流中展示出来。这样的工作坊活动让大家受益良多，帮助我们快速成长。

在这一案例中，短程互助式研修中，体现专家的引领也于此环节体现出来。在这一环节中，专家的总结，不但指出问题，而且指明方向，这正是画龙点睛的引领，也是互助的体现。而主持人的总结，将研修主题的结果提出来，加以强调，体现了短程互助式研修的突出特点："中心环绕"的方式。

主题3 短程互助式研修模式的注意事项

短程互助式工作坊研修模式，在理论上依托于同伴互助，是一种相当理想的教师研修模式，它在一定程度上提升了教师素质，促进了教师专业成长。但在实际运用这种模式进行工作坊的研修活动时，要注意以下问题。

一、避免随意引领，随意组合

我们在介绍短程互助式研修模式时，强调了这种"中心环绕"的方式可以用一种或多种方式进行研修，这就体现了这一研修模式中坊内成员之间的组合方式是多种选择的，可以是同学科的教师组合，也可以是其他学科的教师进行组合，新教师和新教师的组合，还可以是新教师和老教师的组合，甚至可以是校外教研员和教师的组合等。但是要注意的是，这种组合是建立在坊内合作的基础上的，要体现组合后的互助和互惠的特点。有些工作坊在运用短程互助式研修模式时，为合作而合作、随意组合、坊主或主持人包办，结果缺乏引领，没有合作氛围，研修结果来得快，但组合由于并不能真的做到互助互惠，忽略了教师合作互助的基本组合原则，即坊内成员之间是自愿组合，双方的地位是平等的，关系是互助的，结果影响了研修的效果，使研修活动流于形式。

二、不要流于形式而忽视内容

一些工作坊在运用短程互助式研修模式时，忽视了研修的根本目的，而流于形式，造成研修成了走过场。须知，教师参加工作坊的研修活动，大多是期望在教学方面获得帮助和分享经验。从这一角度而言，教师所期望的短程互助的内容和实践中的同伴互助的内容并不存在过大的差异，不过在具体实施互助的过程中，由于只注重了形式，缺乏了实践性，不能针对教育教学中的一些代表性问题进行研究，不能解决实践性的难题，而演变成了从前的组内教研，仅停留于统一进度，说明课时安排，谈谈教学方法，交换试卷，然后一拍两散，不能让每位坊内成员发表自己的意见和看法。有的教师只是说些无关紧要的看法，形式化严重，教师很难学到真正有利于教学的方法和经验。甚至一些研修活动变成了表演式互助研修，不能让教师内心受到真正的触动，更不能让教师思想上更新。久而久之，工作坊的这种短程互助式研修模式就失去了意义，坊内教师意兴阑珊，短程互助式研修活动也不会取得好的效果。

三、要注重教师教学素质的提升和互助能力的提高

在工作坊运用短程互助式模式进行研修活动的过程中，也会出现教师们常常因为自身或同伴互助能力不高，进而对其实施的互助不满意的现象。这说明，工作坊在以此种模式进行研修活动时，不但要注意提升坊内教师的素质，也要注意提升互助能力。

我们知道，教师同伴互助的过程实际上是一个互动互惠的过程，要求参与者要有足够与别人分享的内容，可以是知识、技能，也可以是体验或感悟，意即参与短程互助式研修的教师需要有相应的互助能力。互助人员的互助能力主要体现在互助者的教育理论素质、互助者教学实践的能力、科研能力等方面。然而在一些工作坊的短程互助式研修活动中，教师常常由于多方面的原因，在教育理论素质方面比较欠缺。

主题4 短程互助式研修模式的案例及解读

一、"教师个人成长"短程互助式研修案例

1. 案例展示

【环节1：提出问题，明确主题】

（略）

【环节2：分步行动，归于一心】

（1）第一工作坊：半日生活优化分享会。

活动目的：通过交流分享，了解一日生活多个环节优化的小贴士；通过现场互动，帮助老师进一步明确自身在一日各环节的角色定位及良好互动策略。

活动准备：分享环节PPT两个、人手一份随时摘记和分享的九宫格（用A4纸画表格）。

活动过程：

一、圈形围坐，自由交谈

1. 进入今天主题：请各位参与者根据今天的主题，猜猜"九宫格"随记单的记录方法。

2. 主持人介绍今天的工作坊流程。

阿巧老师分享活动（约30分钟）——老师们交流（约5分钟）——赖赖老师分享活动（约30分钟）——老师们自由交流（约5分钟）——提问时间（15～20分钟）

二、阿巧老师分享一日生活之晨间户外、生活环节的优化

1. 提高户外活动质量，让学生自主快乐活动。（晨间户外）

2. 提供自理互助机会，提高生活教育质量。（生活活动）

三、赖赖老师分享一日生活之游戏活动中的教师个别化互动

1. 学生自主游戏时教师的角色定位。

2. 学生分享活动时教师的退出和介入。

四、成员老师根据"九宫格"随记单互相交流：分组或自由交谈（暂定）

1. 组员老师交流。

2. 主持人现场小结。

（2）第二工作坊：微课不微　玩转课堂。

活动目的：①通过讲解、示范和实操，初步了解和学习微课制作的基本方法，丰富园本课程资源；②愿意大胆尝试，自主设计"微课"，进行智慧分享；③搭建教师教学经验交流和教学风采展示平台，促进教师专业发展。

活动准备：人手一台手提、带话筒的耳麦（幼儿园统一配置）、准备一个事先做好的PPT。

活动过程：

一、介绍微课健康《鳄鱼怕怕　牙医怕怕》的设计思路

吴思玉老师简单介绍教学活动的选材、设计思路、制作过程。

二、欣赏优秀的微课

1. 欣赏不同类型的几种微课的形式。

2. 谈谈学习微课的感受。

三、学习基本的微课制作

进行现场学习操作微课，教师指导。

四、延伸活动

完成微课的暑期作业，运用到今后的教学活动中。

（3）第三工作坊：教师专业成长档案工作坊。

活动目的：通过交流分享，了解教师专业成长档案的基本架构；通过现场互动，尝试解决教师成长档案的困惑与思考，提升教师实现专业成长的需求。

活动准备：讲座PPT、三种颜色板块及对应文字、黑色记号笔。

活动过程：

一、开场活动

阅读同伴档案，互动交流感受。

二、抛"困惑"聊"成长"

1. "一个词、一句话"表达夸奖。每个人轮流说一个词表达同伴档案册制作的可圈可点之处。

2. 聚焦核心：制作设计、板块架构、内容呈现。

3. 抛问题。结合自己的制作经验，说说自己制作档案袋的困惑。（3~4位老师）

4. 写困惑。每位老师写下自己的一个困惑，张贴在黑板上。（活动后将解决的问题取回，留下未解决的问题）

三、专题工作坊来起航——给自己建个档案，品味成长的幸福

1. 建立教师档案袋，开启个性成长路。

2. 分门别类建板块，有心记录促成长。

3. 电子档案初尝试，减负成长更幸福。

四、专题工作坊促成长——玩转教师成长档案

1. 兴趣（需要）第一前提。

2. 化整为零，注重积累。

3. 善于利用，提升自我。

五、延伸

直击问题过去式，畅想未来新思考。

2. 案例分析

这是一个典型的短程互助式研修模式。整个研修活动以"教师个人成长"为主题，分阶段，分子项目进行，但共同服务于一个中心。可以说，三个不同角度的活动，让教师从不同角度实现成长的目标，达到了短程互助式的研修效果。

活动1：半日生活优化分享会，以交流分享的方式，帮助老师进一步明确自身在一日各环节的角色定位及良好互动策略，指在教师的心理成长，活动生动而有趣。

活动2：通过讲解、示范和实操，帮助教师提升专业技能，搭建教师教学经验交流和教学风采展示平台，促进教师专业发展。

活动3：通过交流分享，了解教师专业成长档案的基本架构，借助于现场互动，让教师尝试解决成长档案中记录的困惑与思考，提升教师实现专业成长的

需求。

最后针对心理和专业的成长，引导教师找到方法，实现短程互动的目的。

二、"教师心理健康成长"短程互助式研修案例（节选）

1. 案例展示

【第一期：主题是做一个健康的老师应该具备的素质】

活动1：找有缘人。

把正方形的彩色纸片从中间剪成不规则图形，很多放在一起，大家每人去拿一张纸片。都拿好后去找能和你的拼在一起的纸片，纸片持有人就是你的有缘人。这个方式让我更深层次地了解了和我一起进校的原上海师大附中教数学的李老师。在新生刚进校时可以用这个方法加快对她们的了解。

活动2：按生日先后顺序排队。

不能说话，用肢体语言寻找自己的位置。其中有两三个人没找到位置，有的是由于误以为是按阴历生日排的；有的是没按照大家通用的表达方式，被人误解了。排错的要向大家解释排错的原因，解释时很多人第一反应是别人理解错了，而不是自己表达错了。所以以后当出现问题时，应先自我检讨一下。

活动3：找归属。

用肢体语言找同属相的，找到后，每一组用肢体语言向其他人展示自己的属相。

活动4：拿信息卡找人。

信息卡上有32条信息，有喜欢小狗、穿36号鞋、有一个女儿等，每人都拿着信息卡去寻找符合上述条件的人去签名，在10分钟内看谁签的最多。

活动5：写5个自己目前觉得最重要的事物，可以是真实的人和事也可以是虚拟的事物例如"健康生命"等。然后按顺序依次划掉，最后只能留一个。

活动6：结束语。

每人讲出自己对这节课的感悟，及自己从这些活动中感悟出来的作为一个健康的老师应该具备的素质。

2. 案例分析

本案例是"教师心理健康成长"系列工作坊活动中的一个主题，在这一期中，围绕"做一个健康的老师应该具备的素质"这一主题，采用 6 个活动的方式，让教师之间在活动中实现心理成长，提升认识。虽然只是一期的节选，但我们可以看到，6 个活动紧扣着一个共同的中心，无一不体现了研修的主旨：提升教师的心理素质，帮助教师成长。

三、"大班型教学问题"研修案例

1. 案例展示

【环节 1：明确中心，确定主题】

主持人：研究始于问题。一段时间以来，坊内的许多老师和来自教学一线的反馈表明，当前一些班级的人数在 60～79 之间不等，学生学习基础又有差异，给教学方式方法带来了挑战，为保证课堂教学的实效性，我们提出了"大班型"教学问题研究。接下来的几次活动，我们将围绕以下几个问题开展研讨活动：小组合作学习的实效性、教学目标的有效达成、大班型作业如何处理、大班型学困生的帮扶、大班型的组织教学等。

【环节 2：分步行动，归于一心】

活动 1：理论学习，提升认识。

主持人：为了让大家对"大班型"教学问题的研究有信心，有实效，我们将一起带着问题，围绕主题，重新学习《数学课程标准》《数学课程标准解读》《走进新课程》，并围绕专题学习了洋思中学的经验。我们在学习后，会以"'大班型'教学问题的研究"为中心进行讨论，请大家各抒己见。

活动 2：课例载体，研究实践。

主持人：课程改革最终发生在课堂，以课例为载体有利于聚焦课堂、改进教学，所以根据讨论出来的策略，用课堂教学的实践来印证一下。在接下来的活动中，我们选定了老教师 A 执教的视频，为教研组研讨活动提供靶子，然后请大家有的放矢地进行评议，反思教学。

活动 3：集体评议，反思教学。

坊内教师观看视频教学后，针对"5 分钟测试怎样操作最有效""小组合作什么时机、怎样操作有效"等议题先是 A 老师谈自己的反思，然后坊内同伴围绕主题展开了讨论，接着骨干教师和专家发表看法，进行专业引领。

【环节3：总结归纳，强调核心】

坊内成员在展开讨论后，达成共识。主持人围绕本次活动主题将大家的共识进行总结归纳，提出下次教研活动的主题：

第一，要切实转变教学方式，保证课堂学习活动的实效性，变教师主讲为小组合作学习，教师要精心备课，确定好每堂课的教学目标，为实现教学目标而要精讲，讲到点子上。小组合作学习切不可盲目，要讲究实效性，通过这一次合作学习，学生们实实在在地有所收获，不同的人得到不同的发展。

第二，实行课前5分钟检测制度时，要做到每课前一测，检查学生对学过知识的掌握情况，推行重上一节课制度。

第三，提倡精讲多练，实行目标化教学。为此，教师要设计好每一堂课，每一课的教学为实现目标而教；精心设计每一次作业，有针对性地设计练习，为实现教学目标而练，争取每课内容当堂消化。提倡每节课课后5分钟测试，检测一节课内学生的学习情况，向当堂要效率。

第四，要有计划地温故知新。每周要利用好自习课时间，把学过的知识不同程度地有计划地进行训练。学过的知识及时复习巩固，让每个学生牢固地掌握所学知识。

第五，要改变评价方式，班级内设计"学习园地"等形式，变评价个体学生为评价小组成绩。实行小组成绩考评制。

2. 案例分析

本案例是针对"大班型教学问题"这一问题展开的研修活动，活动同样体现了短程互助的模式：

环节1：明确中心，确定主题。主持人的讲解，让坊内成员明确了本次研修活动的目的，让大家有目标可寻，行动有指导。

环节2：分步行动，归于一心。在这一环节中，主持人引导大家借助于三个活动，从理论学习到课例研究，最后到反思提升。这是一个集体研修提升的过程，也是一个互助学习的过程，体现了研修的目的和特点。

最后，主持人总结研修活动的收获，更是将活动归结到目标，让活动的目标具体化。

四、"小学英语课堂教学的分层教学"研修案例

1. 案例展示

【明确活动目标】

主持人：各位好，我是此次研修的负责人。我们这次研修的主题是结合三位老师执教的内容进行研修，就"小学英语课堂教学的分层教学策略"进行研讨。

【分组研修】

主持人为坊内英语老师分配观课任务，并把事先设计好的观察量表分发下来。第一组老师观察的重点是："教"的观察，重点是从教师的课堂设计及教学效果的角度加以观察。第二组老师观察的重点是："学"的观察，对学生的回答、课堂表现做出细致的观察，看看学生的"学"是否达到了预设的效果。最后一组老师观察的是从"教学行为是否促进学生"的角度进行观察。大家目标明确，分工协作，为下一步的反馈做了铺垫。

【各组进行研修讨论】

教师1：三堂课，三种风格，就像一道大餐让我们"食欲大开"。第一堂课，A老师的课堂给我的感觉是扎实而有效。在她的课堂里有丰富的教学手段，有颜色亮丽的卡通图片，有生动的动物儿歌，三年级小学生的表现堪称精彩，不时有精彩的发言让大家拍案叫绝，多种教学手段的运用——小组合作、个别发言、情景对话，让每一位学生都能有机会展示自己，也让不同层次的学生得到了锻炼。B老师的课堂给我的感觉是快乐而富于想象。"Amy is Day"这篇课文对于四年级小学生而言是一篇较难的课文，但吴老师用她特有的亲和和活泼让我们体验了生动的课堂，吴老师在课堂中丰富的课堂情境设置，丰富的肢体语言，丰富的教学手段让学生得到了听说方面的立体体验，程度一般的学生可以跟着做，程度较好的学生可以模仿做，程度很好的学生可以创造性地去做，引导学生在听说之中拓展想象的空间。C老师的课堂给我的感觉是层层递进，由浅入深，富有创造性。C老师执教的是六年级课文"The art of catching flies"，在面对有一定英语学习基础的六年级学生时，C老师让学生展开想象，用诗歌欣赏的方式让学生来看、听、说。尤其是看图说话这一情境，C老师先是让学生来模仿填空，再来完整地说句子，最后是创造性地让学生来创作诗歌，层层递进，使不同层次的学生都有

所得。

专家1：三堂课的设计和教学中均有体现"分层教学"的研修主题，但首先我们要对专题本身要有正确的认识，可以从三个维度对"分层教学"进行探究：其一，教学目标分层的合理性。分层的依据有两个：①针对教材的内容本身，可分成哪些不同层次；②针对学生学习的实情，可在教学中体现分层。其二，教学任务分层的科学性。从认知的层面来看，有记忆、理解、创造等不同的层面，如何针对不同的教学任务来体现分层。其三，分层教学实践的有效性。主要体现在：①教师的指导，不同层次学生要有不同的指导策略；②比较，要看前测和后测有变化，如果在这种比较中有了积极的变化就说明有效了。

【研修总结】

主持人：各组的小组长从各自的角度对三堂课做出评价，点评都很出彩，从各自的角度对课堂教学做出了反馈，并提出了很多富有建设性的意见。专家的高屋建瓴的分析与指导让我们获益匪浅，尤其是针对我们研究中出现的问题，告诫我们要对研究的专题做好研究，选题要有代表性，要有独立的判断和思考，用专业的眼光融入才能把专题做好。让研究可研究、可观察、可改进、可推广。

2. 案例分析

本案例体现了短程互助的研修特点，这种特点突出表现为针对三位老师的不同教学内容和教学方式，坊内教师在观看视频后，以小组的方式进行讨论，实现了组内短程互助。组间讨论时，共同的研修又达到了坊内互助。专家的点评让坊内成员获得提高，实现了专家的引领。可以说，这一案例将短程互助式研修的特点展示出来，其效果了表现出来。

五、"课堂教学改革中如何转变观念"研修案例（节选）

1. 案例展示

【明确活动】

进行理论学习，清楚备课改革的必要性是实现从单打独斗走向合作分享的有效途径。

（1）针对学校案例进行"团队备课促进课堂深度转型"的讨论。

（2）教师体会：备课方式的历史性巨变。

首先导学教师要认真钻研教材、分析学情，结合学习内容与学生实际情况，设计学习方案，开发学习工具单。然后根据学生结构化预习情况，导学教师与学术助理、学科长共同讨论、交流，修改学习方案设计和学习工具单上的每一个问题，为师生共同学习做好准备。每位教师还要在学科团队中交流研讨，为上课做好充分的准备。最后学科团队还要组织教师观课、研课，对教学设计以及实际效果进行研讨。

（3）教研员观点：靠集体力量提升教师专业能力。

集体备课是提高教师团队专业素养的有效途径；教师专业素养的提高除了外出学习更多的是靠校本教研。校本教研主要有三种形式：自我反思、同伴互助、专家引领。集体备课的好处主要表现在如下几个方面：①有助于资源共享；②有助于智慧共享；③有助于优势互补；④有助于同事之间的合作与团结；⑤有助于减少重复性的劳动。

（4）专家观点：从教师搭台走向师生搭台。

一是以促进师生发展为备课理念，引领结构化备课行动；二是以不同课堂范型特征，来确定备课方式和工具；三是以"五要素"式备课行动，创建教师备课文件夹；四是结构化备课是满足学生发展需要、促进师生成长的动态性备课过程。

【交流研讨】

围绕"备课活动应该从哪些方面着手""个人备课和集体备课又分别承担怎样的任务"等话题展开。

（1）备课活动应该从哪些方面着手？

一是要准确制定本堂课的教学目标；二是要研究学情，把握重点难点；三是要精选教学方法；四是要精心设计问题情景；五是要精心设计练习……

（2）个人备课和集体备课又分别承担怎样的任务？

集体备课要事先确定主备人，主备人超前一周按课时准备好说课提纲，提纲必需含有教学目标、教与学过程设计以及教学内容，教学内容要满足学生的发展需要。集体备课时，结合主备人说课内容，备课组成员研讨教与学的最优化方法，形成集体备课的教案。个人备课在集体备课的基础上，形成切合教学实际的个性化教案，即个人的二次备课。

其实，每个组员都要准备好说课提纲，都要有自己的教学设想和思考，都要认真钻研教材，吃透考纲，研究学生，针对学生实际，设计出最佳的教学方案，体现学生的主体地位和教师的主导作用，教给学生主动学习的方法，培养学生自主学习的习惯。这样集体备课才可能有研讨交流价值，才可以真正达到集体备课的目的。

……

2. 案例分析

本案例是工作坊研修活动的节选。从中我们可以看到，这次工作坊研修的形式是以理论探讨和学习为主，重点引导坊内教师提升理论和认识，充分体现出专家的引领。在教师认识的基础上，不但有理论的提升，也有教研员的指导，更有专家的引领，可谓由浅入深，纵向引导教师提升理论素质，达到研修目的。

六、"如何上好英语语法课" 研修案例

1. 案例展示

【明确主旨，清楚主题】

主持人：本次工作坊的研修活动，就"如何上好英语语法课"进行了专题课例研讨活动。活动分两步进行：第一步，观摩教学；第二步，评课讨论。

【观看教学视频】

这是一节重点讲解定语从句的英语课。授课教师从复习英语定语从句和中文定语从句的区别导入，开始新授教学：that. which. who. whom. whose. where. When. why 等关系词引导定语从句的用法，通过将两句话合成一句话，以及一句话分成两句话，提出了自创的"公因式提取法"进行讲解，比如关于句子"Do you know the year（你知道那年吗）？"和句子"The Communist Party of China was founded in the year（中国共产党成立的那年）。"找两个句子中的共同词，巩固教学效果，教学效果明显，全班同学都能清楚明白地接受。此外引出了定语从句的翻译方法。最后的内容讲解了限制性定语从句和非限制定语从句的区别，使学生掌握了如何翻译定语从句的方法。

教师观看视频，做好记录，观察、思考和发现。

【集体评课】

主持人：首先讲了评课的原则和要求：一是要紧紧围绕研究的课题"如何上好英语语法课"。二是要从导学案的设计、课堂教学的实施，从教学环节、步骤的设计，教学方法的选择，师生的双边活动，学生主体地位、老师主导作用的体现，教学效果、目标的达成等方面，实事求是、客观公正、一分为二地评价。三是要说出自己的见解、思考。也可说出自己平时的做法。

老师1：对于枯燥的语法课，A 老师的教学方法比较有新意，举的例句也很贴近学生生活，比如说：Beidaihe, which lies in the southwest of Qinhuangdao attracts a great number of tourist all over the world on summer holidays.（北戴河，坐落在秦皇岛的西南部，吸引了世界各地大量的旅游者去避暑。）激发了学生的求知欲。尤其是在讲解定语从句时，A 老师采取的是以学生为主，让学生先自学的方法，注重学生自主探索，三维目标得到充分体现。另外，在习题练习中，A 老师总是找学生去黑板做题，这一方法在不同程度上都能让学生在动手操作中进行独立思考，让学生在具体的答题中获得知识，体验知识的形成过程，获得学习的主动权。

老师2：第一方面，关于 A 老师教学中的引导学生自主观察自主学习的方法特别值得我去学习。尤其是讲解"公因式提取法"时，老师进行启发式教学，让学生自己去完成定语从句关系词的选择。第二方面，A 老师与学生的互动环节特别好，给学生回答问题的机会，让学生去展示自己的学习成果。第三方面，在课后习题的练习中，A 老师让学生自己去发现自己的做题错误，然后引导学生自己去改正，给学生反思、思考的机会，培养学生自主学习的能力，在学生改正完之后，A 老师又把规范、系统的做题步骤教给学生，培养学生的答题能力。最后，A 老师的奖励、表扬用语也是我以后的教学中需要去学习的。

老师3：上课初始，A 老师简单对上节课留的作业完成情况进行了点评，并表扬了作业完成得好的同学。这一点与我平时留作业、评作业的方式不同，和我课下找学生谈作业完成的情况相比，A 老师的这种方式更能激励全体学生更好地完成作业。在定语从句的讲解过程中，A 老师激发学生的学习兴趣，针对学生的基础和水平，提出了"公因式提取法"，让我受益匪浅。和 A 老师的教学方法相比，自己的教学方法相对循规蹈矩，教学效果不明显。我应该向张老师学习"因材施教"的教学方法。

老师4：抱着学习的态度去听A老师的课，受益匪浅。一方面，A老师的学习方法和教学手段多样化，非常适合英语基础较差的学生，降低了学习难度，使定语从句得到了很好的练习，提高了学习效率。在A老师的"公因式提取法"教学方法中，将观察、操练、讨论、练习、转化、对比等有效的学习方法与之相结合，大大提高了学习效率，也使学生的学习能力和学习品质得到进一步提升。另一方面，A老师的教学环节紧凑，重点把握合理，突破教学难点，通过有效的自主探索，把一节枯燥的语法课上得很精彩。同时A老师在充分考虑学生认知水平的基础上，充分运用学生已有的英语知识，大胆放手让学生自主参与对新知识的探究，对提高学生的学习品质和自学能力起到了一定的帮助作用。

老师5：A老师的这节课有很多亮点，有很多值得我去学习的地方。比如说在讲定语从句之前，先让学生自己去观察短语或句子：happy birthday（快乐的生日）；blue sky（湛蓝的填空）；The girl in red comes from Shanghai（穿红衣服的女孩来自上海）；The man from Russia is a professor of mathematics（来自俄国的那人是一位数学教授）。在学生自主探究之后，让学生自主得出结论："形容词作定语放在所修饰词前面，介词短语或从句作定语放在所修饰词后面"。用这种"学生先学、老师再教"的方法，由浅入深，通过合作交流，巩固练习、深化提高，课堂小结、反思升华，课后操练、深化新知等环节展开教学，各个环节层层紧扣，逐步深入，着重培养学生的自学能力。另外一个值得我学习的地方是在课后练习中，A老师进行了分组练习分配任务，这样既节省了时间，又提高了效率，最后每组找一名学生进行提问来检验教学效果，而且练习题采用的是高考模拟题，对于高一的学生来说也提前熟悉了高考的考点，便于学生在以后的学习中更有针对性地去学习提高。

老师6：A老师的课堂最让我受益匪浅的地方是枯燥的语法能在课堂环境轻松、教学氛围浓厚的环境中进行。本节课中，教师始终注意到自己是一个组织者和引导者，其上课的语态自然、亲切，为学生创设了一个宽松和谐的学习环境；教师在教学过程中，善于激发学生的学习兴趣，让学生自主分析自主学习，然后教师再给出更系统的总结。

老师7：受益于A老师的课堂，A老师在教学过程中，善于精心创设问题情境，在理论联系实际中去引导学生背单词、记单词。比如讲解 pick 和 pick up 这两个词时，一定要创造情境，把词放在情境中，让学生区别什么时候用 pick，什么时候用 pick up，以此来增加学生的词汇量。此外，在课堂上 A 老师通过知识间的碰撞吸引学生主动参与学习，充分体现了以学生为主体，着重培养学生的自学能力，关注学生的发展，体现了以学生发展为本的新思想、新理念，学生也因此获得了积极的情感体验。在问题设计上，A 老师使问题环环相扣，逐步深入，并能放手让学生自学，让学生在自我探究中形成对知识的真正的理解。

专家 1：A 老师通过精心备课，认真讲课，为我们展示了一节精彩的示范研讨课，各位教师的点评非常实在且有深度，有评价、有感悟、有质疑，有释疑的解答，有反思、有探索、有指点，我们要继续发扬。A 老师这节课有以下几个方面的特点：

一是先学后教——变"被动"为"主动"。以学定教——变"学会"为"会学"。这样做，真正把学生摆在了第一位，同时大大地激发了学生的学习潜能。二是课堂教学结构非常严谨，教学环节充分体现了新课改的理念：复习导入—揭示课题—自主学习、合作探究—展示交流—师生点评—教师讲解—练习—小结—作业。三是整个教学过程，充分体现了学生的主体地位、老师的主导作用。给足学生自主学习的时间和展示的空间，鼓励学生质疑，充分挖掘学生的独特思维。四是在教学中注重了规律的总结和学法的指导，如，"提取公因式"法、音标带单词法、重复记忆法、怎样合成怎样分解的方法。

当然，每位老师的课都不可能达到百分之百的完美，比如这节课的课堂氛围不十分活跃，班级后面的个别学生还保持沉默状态。

【总结归纳】

专家 2：我们的校本教研，就要像今天这样，立足身边的课题，破解教学中的难题，不走过场，不流于形式，不做表面文章。紧紧围绕全面提高教育教学质量这一中心，以新课程实施过程中教师所面临的各种具体问题为对象，以教师为研究主体，研究和解决教学实践中的问题，总结和提升教学经验，形成民主、开放、高效的教研机制。

2. 案例分析

短程互助式研修模式的突出特点就在于借助同伴互助、专家点评，能达到快速见效的目的。在本案例中，我们可以看到，在明确研修目的之后，就具体的课例进行研修，坊内教师不但发现了课例的问题，也发现了课例的成功之处，于是在不同的教师的感悟交流中，达到了同伴互助的效果。而专家的点评，更是一针见血地指明成功和可供借鉴之处，给教师提供了建议的同时，也让教师上了生动的教学技能和方法的一课。这正是短程互助式工作坊研修模式的优势。

专题六

工作坊研修模式四：骨干引领式

在每所学校的教师群体中，不乏有一些学科教学水平高、课改理念新的佼佼者。如何更好地发挥这些骨干教师的作用，让他们在以校为本的教研活动中发掘自身优势，释放自身能量，引领并带动全体教师，不断促进教师整体水平的提升呢？骨干引领式教师工作坊就是一种极好的方式。这一研修方式依托于"老带新"的同伴互助理念，为校本研修提供了新的思路，为教师成长提供了新的途径。

主题1 骨干引领式研修模式的
特点、类型和作用

　　一般来说，学校的校本研修依托于教研组展开，其间教研组组长担任着各类活动的主持人角色。但这种状况长期下来，教研组组长不堪重负，而学校的骨干教师却无法发挥作用。于是骨干教师工作坊就在这样的背景下产生了。

一、骨干引领式工作坊的特点

案例

　　第一个环节：课堂教学。

　　6位老师呈现了精彩的教学。《智童》是A老师所上的有趣一课。课堂上，A老师以"智"为主线，带领孩子们一起认识古文中聪颖的孩儿，让三年级的孩子初步感受到了古文的生动有趣。活泼开放的课堂，孩子们醉心其中。紧随其后的是B老师带来的《探寻古诗中的数字美》。B老师别出心裁地将目光聚焦于古诗中的数字，引导孩子们感受古诗词的修辞美、意境美、趣味美。孩子们在轻松的学习氛围中，体会到了古诗之妙。C老师上的是《冬至》一课。C老师在教学中注重学生对传统文化的感知。经过古诗文的学习，让学生感受到蕴藏在诗句间、文化里的古人智慧，学生学有所得，乐此不疲。《冬夜读书有感》是D老师精心为学生准备的一课。她和学生一起，感受读书之难和古人在读书过程中体现出的刻苦治学的精神。品诗心、悟诗理的过程中，D老师教给学生的不仅仅是一首诗，更是一份情、一种精神。E老师执教了《示儿》一课，通过引导学生研读"陆游在遗嘱中说了些什么""他的遗嘱和一般人的遗嘱有什么不同"两个极巧的问题，让学生充分感受到了陆游的爱国情怀。D老师上《鲧禹治水》一课时，扶放得法，张弛有度，注重让学生在激辩中获得真知，课堂充满了笑声，孩子们在愉悦的心境中求知获能。

第二个环节：评课。

课堂教学之后就是精彩的评课环节。工作坊成员的 W 老师首先发言，重点阐述了对"本土"的理解，提出拓宽"本土"的外延，丰富其内涵的主张。Z 老师则特别关注执教老师材料选择的问题，对材料选择的本土化、层次性和梯度性提出了自己的看法。接着其他工作坊的老师也先后发言，对执教老师的学法指导、策略的运用以及课堂中表现的教学智慧等方面或是称赞，或是提出中肯的意见与建议。

第三阶段：导师总结。

最后，导师做了总结性发言。首先，她对"本土古诗文教学"如何选择教学内容，建构教学策略问题，提出了导向性的意见。认为"教学内容是课程目标的具体化与现实化，故而，教学内容的选择应该坚持实用性和发展性相统一，学科化和生活化相统一的原则；应该从本土立场出发，选择利于优秀文化传承，利于学生心智发展，利于学生核心素养形成的内容"。她肯定了"执教老师因材因生选择'研读法''比读法''揣读法'等策略进行教学"和"重视朗读指导、重视知识积累、重视学生的体验，使学生学有所获，习有所得"的做法。最后，导师董建奋就如何"慎重对待教学内容拓展及其古诗文中意象与典故的正确解读"提出了建议，提醒老师们避免"盲目拓展，过度拓展而导致拓展信息过多，无的放矢，事与愿违"。

上述案例是某名师工作坊开展的以"本土古诗文教学"为主题的研修活动纪实。由案例可知，名师工作坊实际上就是骨干教师工作坊。因此，骨干引领式工作坊，就是指用骨干力量带动校本研修活动的一种工作坊研修模式。这一工作坊研修模式的特点表现在以下几个方面。

1. 研修模式是一个创造性智慧的空间

骨干教师工作坊为骨干教师提供一个创造性发挥教育智慧的空间，为教师作为研究者、作为主人参与校本教研营造了宽松的氛围，真正达到了骨干引领、同伴互助、团队共进的校本教研目标。因此，对于教师发展和工作坊研修活动的展开来说，这一类型的研修模式是一个创造性智慧的空间。

2. 研修活动内容的确定性

所谓研修活动的确定性，是指采用这种方式进行工作坊研修活动时，工作坊的主题模块与具体内容必须是根据教学专业实践或解决课堂问题的实际需要制定。这一要求将研修活动的主题范围加以限制，因此决定了这一研修活动内容的确定性。

3. 研修人员和研修地点的灵活性

采用骨干引领式进行工作坊的研修活动时，工作坊主持人可以由骨干教师担任，也可以再聘请专家、大学教授作为专业指导者；同时，工作坊的场所和时间不固定，要根据学校实际和活动需要设定时间和地点。这两点决定了骨干引领式工作坊研修模式的灵活性这一特点。

二、骨干引领式工作坊研修的类型

在校本研修活动中，骨干教师发挥着引领作用。这是骨干引领式工作坊研修活动的重要模式。这种模式突出的特点决定了骨干引领式工作坊研修的类型包括以下几种。

1. 专题讲座

所谓专题讲座，是为适应学校教育教学工作的迫切需求，学校借助于工作坊的形式，让骨干教师有计划、有目的地自主开设专题系列讲座。这种骨干引领式研修可以是围绕一个专题开设一次或者几次讲座。在培训中，工作坊主要注重教师对骨干教师讲座内容的消化。可以通过讨论、撰写论文检验教师的教学理念和教学能力的提高效果。专题讲座应具有内容新颖、针对性强、反应及时、信息量大的特点，有助于参训教师拓宽视野、更新充实知识、转变观念、启发思考。

2. 教育教学论坛

教育教学论坛，是以本校的教育教学、管理、改革实践中产生的亟须解决的"疑、难、热、急"实际问题为主题，诸如当前教育教学中实施素质教育方面的问题，推行课程教材改革方面的问题或在教育教学中当前尚未定论的、有待探索的新问题。骨干教师可以充分发挥自己的优势，在工作坊的研修活动中充分起到引领的导向作用。当然它也允许不同思想观念的碰撞。这一形式要求对开展教育教学论坛活动，学校领导要加强研究，与骨干教师一起选好主题，鼓励广大教师积极参与，使论坛按目的顺利进行。要发挥骨干教师的作用，让他们去影响并带动广大教师参加，以保证每次论坛活动的群众性和影响力。

3. 校本研修的教学观摩

教学观摩的具体实施者应该是骨干教师，通过教学观摩，能以骨干教师的示范起到辐射作用。因此教学观摩要紧紧围绕来自本校的教育教学改革或教育教学实际工作中产生的需求为主题，包括更新教学理念、目的与要求等。当然，这样的教学观摩，不是表演课，不是展示课，而是研讨课、研究课。它注重的是团队合作精神，无论是执教者还是听课者，虽有认识上的差异，但都围绕着主题展开研究、实践与讨论，相互启发，取长补短，共同提高。这一类型的研修方式，可以依据骨干教师引领的方式，划分为以下两种类型。

（1）骨干教师"扶助"。

对于骨干教师而言，关注青年教师的成长，做好辅导是其职责。因此在每学期，学科带头人（即骨干教师）要完成对本年级组内青年教师的"扶助"，所谓"扶助"就是骨干教师一定要走进青年教师的课堂，然后借助于工作坊的形式，在听课的基础上，进行评课、谈优点、说不足，进行归因分析，联系新课程理念寻找优点与问题的根源，帮助青年教师不断提升。

（2）骨干教师"示范"。

一般来说，学科带头人（即骨干教师），顶着来自校领导、全体教师和更多的来自于自身的压力，精心地设计教学流程。他们注重课改先进理念在课堂上的充分体现，关注课堂教学的高效性，力求把最完满的课堂展现给大家。教师们也积极参与到听课活动中，学校形成了实践、研究高效教学的浓厚教研氛围。为此，可以利用工作坊的形式，让学科教师对学科骨干教师的课堂教学进行深刻的评价，撰写评课意见，组织老师们召开学科组教研专场，借助于和谐的对话交流，共享经验及智慧。这种骨干教师的"示范"是一种直观而有效的校本教研形式，可以让教师们在活跃、宽松的研究气氛中感受新理念，得到专业上的发展。

4. 案例教学

所谓案例教学，是指骨干教师把在教育教学实践中收集和积累的与主题相关的教学实例选取出来，在工作坊活动引领教师培训时，供大家从理论上进行分析研究的培训形式。案例教学是教师专业化发展的重要途径，适用于各种不同层次的教师培训。骨干教师可以凭借案例提供的事实，先进行理性思考，作出自己的分析判断。在工作坊讨论案例的活动时，启发每个教师从不同的角度，发现有关教师迫切需要解决的问题。借助于工作坊这种研修形式，对这些问题感兴趣的坊内成员在骨干教师的引领下，便可寻找有关的资料，通过学习、交流、反思、讨论，共同研究解决问题的办法。可以说，学习与研究是解决问题的过程，也是教师自我培训的过程。

5. 对教育教学工作中生成的问题开展研究

在教育教学中生成的一些问题，产生于学生的学习生活，也产生于教师的日常教育教学工作，但要把它们作为问题来研究，就需要骨干教师先从学校教育教学工作的细节中去提炼、发现问题，确认问题的理论意义和实践价值；再把教师在教育教学第一线遇到的问题收集起来，分析它们的共同点，挖掘它们的内在联系，就有可能演绎为教育教学的科研课题，为教育教学研究积累原始的素材。为此，骨干教师借助于工作坊的形式，积极引导教师一起分析筛选，提取共性问题，寻找解决的办法。在解决问题的过程中，教师实际工作能力得到提升。

6. 骨干教师带教

所谓骨干教师带教，就是指在工作坊的研修活动中，由一位或几位骨干教师担任带教老师，负责对一位或几位培养对象进行提高教育教学工作水平的指导性培训。主要通过传、帮、带，引导培养对象将教育教学理论、学科知识与工作实践结合起来，在教育教学工作中尽快成长、成熟，逐步形成特色风格。这种研修方式的优点在于扎根于学校教育教学园地，结合学校日常教育教学工作同步实施培训，骨干教师的引领作用不但不脱离工作岗位，而且可以较快地使培养对象的教育教学能力得到提高。当然了，在此过程中，骨干带教老师要不断反思，提升自身教育教学理论与实践水平，运用新的教学手段进行带教，在带教过程中，教学相长。

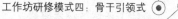

三、骨干引领式研修模式的作用

教师专业素质的提升不仅需要自上而下的专家培训和理论指导，更重要的是建立同事之间横向的平级交流与分享。因此骨干引领式研修方式，让既有理论基础又有实践经验的骨干教师发挥了引导作用，工作坊的方式为他们压担子、搭台子，使他们在同伴互助的校本研修活动中发挥引领示范作用。具体来说，这些作用表现在以下几方面。

1. 发挥理论辐射、引领作用

在基层学校，这些骨干教师不但在理论的研究上有其独特的优势，有着比较扎实的科学理论功底；而且为了解本校的实际，能根据先进的理念，结合自己的教育教学实践，及时对所在学校的生成问题进行研究，对存在的问题做出科学的诊断，用科学的理论加以引领，促进广大教育工作者进行观念的更新，形成科学、先进的教育行为。他们能根据校本研修的具体要求，以独特的校本研修的意识、责任和能力，在研修中起到带头、示范、引领、辐射作用。

2. 利于教师能力的提升

在实际教学工作中，各级骨干教师的手中掌握着一定优质的资源，包括丰富的教学经验、教学技能和方法等，可以在他们发挥引领作用时，为所带教师而用，进而提高年轻教师成长的速度，为学校的人才培养发挥作用。同时，骨干教师的引领还体现为在一定程度上给其他教师以一定的精神上的一种鼓励，从而激发年轻教师的上进心，提升其内驱力。

3. 让校本研修立足实践，发挥作用

当前，一些培训形式、培训内容缺乏科学性、系统性，脱离教学实际。造成这种现象的原因在于，校本研修的实践缺乏科学理论的支撑，随心所欲流于形式；培训实践缺乏骨干教师科学的指导，缺乏实效；在培训形式上，缺乏规范性、科学性，形式单一、呆板。种种原因造成教师对研修活动渐渐失去了兴趣，进而导致教学能力和教学质量打了折扣。骨干教师的引领，会让校本研修立足于实际，无论是研修主题的确定还是研修方式的采用，均"接地气"，真正发挥了研修服务于教学的作用。

4. 营造了学校创新、向学的文化环境

学校是实施素质教育的主战场，而实施素质教育就需要教育创新，教育创新是一所学校的活力所在，而创新必须依靠教师，尤其是骨干教师去实现。骨干引领式的研修方式，可以在校本研修中确立其主体地位和主导的作用，可以最大限度地激发他们的工作积极性、最大限度地开发研修资源，把研修的成果转化为其他教师的教育行为，为他们的潜能发展提供机会，最大限度地使每一个教师在原有的基础上得到提高和发展。同时骨干引领式的研修方式还有助于学校在校本研修过程中不断致力于改善教师成长发展的工作环境和心理环境，切实帮助教师成为教育教学的成功者，进而营造了教师主动创新、善于合作和乐于学习的校园文化环境。

5. 促使学校的研修工作纵向发展

教师工作坊中骨干引领式的研修方式，在基层学校发挥着促进校本研修工作向纵深发展的作用。这是由于，在课改正向纵深阶段推进，面对新的教育理念，基层学校的教师往往表现得难以适从，在教育观念上还不能完全适应新的变化，在教育行为上，显得人云亦云。骨干引领式的研修方式，可以为他们找到引路人，通过骨干教师的引领、辐射作用，使其较好地参与和完成研修任务。

主题2　中心辐射：骨干引领式 研修模式的运作流程

　　骨干引领式研修模式，就是要充分发挥骨干教师的作用，让骨干教师通过传、帮、带及其示范教学、现身说法或情感渗透等，把自己的教学常规和教学策略或者是自己掌握的专业技能和专业特长传授给教师群体。达到引领示范，共享互助，团队共进的目标。这一工作坊研修模式因其采用引领方式的不同而体现出同中存异的运作流程。

一、中心环绕式研修流程

 案例

小学科学课堂教学观摩研讨活动

　　主持人：欢迎大家来到工作坊进行本次研修活动。本次研修活动通过观摩两位名师的小学科学课堂教学视频，就教学环节和授课中的问题处理等相关问题进行研讨。

　　主持人播放教学视频。

　　教学视频1：《月相变化》；教学视频2：《我们的小缆车》；教学视频3：《蜗牛》；教学视频4：《水的表面张力》。

　　坊内教师观看教学视频后，开始评课。

　　1. 授课教师说自己的教学设计：为什么这样设计？体现怎样的理念？实施过程中遇到什么问题？

　　2. 坊内教师提问题进行讨论。

　　(1) 当学生对这些知之甚少的时候，我们可以进入探究吗？碰到问题怎么解决？

（2）引导怎么设计实验？

（3）月食的三幅图没有利用好。

主持：看到问题提出建议很重要。在学生已有的基础上，我们课堂的出发点在哪呢？

老师互动，提问讨论。

1. 通过课堂的观察，学到些什么（收获是什么），还发现什么问题、不明白的地方。

2. 上课的老师讲设计的意图、想法、做得不够的地方是什么。

A老师：为什么设计这堂课？画印象中的蜗牛、实地观察之后的蜗牛以及交流实地观察蜗牛的样子，科学知识我们是要在课堂上落实的，但是学生可以学到什么点，我们是要尊重的。……

B老师：交流研讨是比较开放的。是教材中没有的，是我们自己加进去的。如教科版中没有就水的表面张力设计相关的内容。我们科学活动课的内容，对于课外的内容也可以进行补充。比如探究的有序性，观察记录的细致性，研究材料的结构，概念表述的通俗性等。

主持人：老师的心中装着学生。

……

骨干教师总结指导。

1. 思考的问题

（1）科学教育的价值在哪里？

我们追求的是什么？面向学生，不局限于教材。

科学知识的完整性？科学探究的程序性？科学态度的培养？

科学的思想观念的理解和把握；怎么让学生对科学思想理解？

（2）观摩研究的意义如何体现？

程式化的东西有它合理的意义；程式化的东西用一种批判的眼光去看它；关键是要凸显程式化背后的意义价值。观摩活动的意义价值就在于探讨共同关心的问题，提出解决的策略与措施。

（3）我的教学风格如何定位？

个性、学识水平，常态课中显现教师风格，是细腻？活泼？理性？朴实？简约？关键是要根据自己的所长进行选择，要让学生也习惯、也喜欢你的教学风格。

2. 对本次4节课的个人看法。

《月相变化》的教者是一个有心人，一个研究者和探索者，很欣赏他的思考和探索精神。他有自己的思考：科学教育的任务关键是科学思想；积累感性经验非常重要；探究之前要做好准备；不用动画和录像，走向常态。不满足于传统的教学处理方式，能根据学生基础，降低教学要求。……给出的建议：是否可以变成2课时？即分成"研究月相变化的规律"和"月相变化跟公转有关系"……

《我们的小缆车》的教者，从整个单元的整体考虑，设计本课，特别是车的动力问题，单元的起始课怎么上。……我的思考：要研读教材，仔细领会教材的编排意图，研究学生，把握学生的语言。

《蜗牛》的教学：室外观察的研究课，很有新意，从原有概念出发，经过观察探索，纠正错误的地方，发展新的认识（学生的印象）；对科学上的观察记录（图画）与一般的画图相区别，适合三年级学生的一些小手段。我的建议是：室外观察的困难与对策（目标、时间、组织）生态很重要，要根据学生心理，调整室内观察与汇报的环节（回教室后，继续观察蜗牛的触角、眼睛、运动，然后汇报），要及时抓住课堂的生成环节（蜗牛产卵）。

《水的表面张力》一课：研究之后自创的一节课，很佩服！围绕水的一个特性做足文章，很精彩！紧紧吸引学生的注意力，激发了学生的兴趣，注重观察记录和表述（用皮肤来借代状态：那就是像一层膜，把东西托起来），注重学以致用。我的思考：一是学生能学到什么程度？学生为什么总是把表面张力与浮力相等同？应该选用什么样的内容进入教材？一节课的内容含量多少合适？……

最后，我的三个建议是：一是要加强学习和交流（关注课改动态、修订稿、初稿、网络）；二是要重视反思和写作（内化和提升），会把反思变成文字；三是要勇于探索，勇于创新。

由上述案例可以看到，在观看了前面四位老师的教学视频后，坊内教师进行了研讨，就教学中发现的问题进行讨论，最后由骨干教师进行点评并指导。这种方式，就是中心环绕式的形式。那么，何为中心环绕式呢？所谓中心环绕式，是指工作坊内的活动均围绕在主题确定后，其研修活动运作流程突出以骨干教师为中心的特点。这种研修活动的方式多以专题讲座、案例引领的方式展开，突出了骨干引领式的特点。

这种组织方式的一般程序如下。

（1）环节1：明确主题，引发讨论。

这一环节中，主持人要指明研修活动的主题，引导大家了解研修的背景和目的，以及研修会用哪些环节进行。

（2）环节2：课例展示或观摩。

这一环节中展示的课例可能是成长中的教师的，也可能是骨干教师的，要依据不同目的进行，但最终都会起到案例引领的目的。

（3）环节3：讨论交流，提升学习。

这一环节是对案例的讨论和学习。在这一环节，可以首先是大家讨论，然后教师说自己的课；也可以是教师先说课，大家讨论。

（4）环节4：骨干指导，促进提升。

如果是骨干教师的课，骨干教师就针对大家的疑问指明自己的教学思路和设想，给大家以反思和消化的时间。如果是一般教师的课，骨干教师要对课进行点评，找优点，指问题，讲方法，最后给建议，以促进听课教师能力的提升。

二、线性延伸式研修流程

所谓线性延伸式，是指在工作坊活动过程中，主要以骨干教师的理论或指导为主线，坊内成员进行深入的学习和讨论，并在此基础上进行实践，从而提升坊内成员的素质和能力，达到研修的目的。这一研修多以教育教学论坛、教学观摩、案例教学的方式展开。

 案例

语文教学中的有效提问策略

特级教师 A：著名教育家陶行知先生说："发明千千万，起点是一问。智者问得巧，愚者问得笨。"课堂提问是课堂教学的重要手段之一，是教师开启学生心智、促进学生思维、增强学生的主动参与意识的基本控制手段。一堂好课往往起源于一个好问题。纵观近年来的语文课堂，在课堂上的提问中存在着许多不容忽视的问题，如问题琐碎。有些教师认为问题越多，越能调动学生的主动性，越能营造热闹的课堂氛围，越有利于教学目标的达成，因此，从上课开始，教师设计了琐碎繁多、深浅不一的问题，剥夺了学生思考的空间，挤占了学生阅读品味文章的时间，这种违背教学规律和单元达标要求的提问形式，使满堂灌变成满堂问，失去了提问应有的价值和作用。本次工作坊研修活动采用问题研讨的形式，研修的主题是"语文教学中的有效提问策略"。本次活动我们一起用三个环节进行研修：一是请大家提出语文课堂教学中发现的存在问题的提问，然后围绕这些问题分析这些提问的有效性及原因；二是观看我本人和另几位特级教师的视频，深入分析课堂教学中提问的策略效果；三是反思自己的教学实践，总结改进的措施。

工作坊成员就当前课堂教学提问存在的问题进行讨论，并一起分析这些提问的效果和原因。

工作坊助手播放视频，大家观看视频：《花潮》和《赤壁之战》的视频，就视频中提问的有效性进行分析：

教师1：《花潮》中，教师提出"这'花'和'潮'之间又会有什么联系呢?"这一问题特别好，在揭题中引导学生发现花和潮毫不相关的两种事物联系在一起的原因，学生的兴奋点被这一话题调动起来。

……

A老师：《赤壁之战》中，"你觉得在这三位主要人物中，谁在这场赤壁之战中有着举足轻重的作用?"这一问题的提出非常好地抓住全文得以铺展，激起全体学生的学习兴趣，使每一位学生都能在阅读中有所感悟，并能抒发自己的观点，从文本上超越，体现真正的实效。并且问题序列得以层层深入，教师得以有序指导，引导学生明白在战争中要想获得胜利必须知己知彼，利用天时地利，扬长避短，充分发挥自己的优势。

……

A老师以《万里长城》《江姐》等课为例，组织大家设计有效的课堂提问。

……

A老师总结：我们围绕如何通过"探索有效提问策略"来切实提高课堂的效率进行深入研究，最有效的学习模式是"以问题为中心，探索提问有效策略"让学习者置身于明显的学习阶段。即激活已有经验，探索有效问题，展示知识技能，运用问题策略，应用知识技能，将知识技能整合到实际生活中。如何通过探索提问有效策略设计让学生更好地介入学习，提高课堂有效性，那么就要注意将设计的问题转化为完整的任务，将设计的有效问题策略转化成学生的能力，改变了以往一问一答式的行为。同时通过有效问题设计策略，学生最感兴趣的问题转化为可操作的任务，让不能解决的问题，分解操作，转变思维模式。让学生介入到问题水平、任务水平、操作行为水平和动作水平，并在教师的有效策略运用下，较好地展开学习。

上述案例中，围绕着"语文教学中的有效提问"这一中心问题，坊内成员在骨干教师的引领下进行了讨论。在讨论的过程中，既有视频观摩研究，也有理论指导，在不断地研讨中，骨干教师的引领作用得到发挥，坊内教师得到指导，其教育思想得到提升，教学方法得到改进。这种骨干引领式研修方式，由骨干教师抛出问题，引导大家在讨论中加深认识，最后由骨干教师回到问题，就是线性延伸式流程。在工作坊运用这种方式进行活动时，一般采用以下顺序。

（1）环节1：抛问题，促讨论。

由主持人抛出问题，注意主持人一般是骨干教师本人，即坊内的专家或名师工作坊的坊主本人，然后让坊内大家进行讨论，引发大家思考。

（2）环节2：析案例，促思考。

在大家的问题得以集中时，适时引进案例，如主持人本人的教学实录或是一些极具代表性的案例，让大家进行分析，骨干教师适时引导，促进思考。

（3）环节3：来实践，促活用。

在大家的认识和讨论达到一定程度时，骨干教师或主持人适时请大家实践操作，将认识在实践中深化，提升能力。

（4）环节4：做总结，促深化。

在经过分析讨论——实践反思这些环节后，骨干教师总结，指明关键点和方法，或者注意事项，让主题得到加深，方法得到强调，坊内教师的能力得到提升。

主题3　骨干引领式研修模式的注意事项

　　事实上，骨干引领式工作坊研修模式在操作流程上并不拘于以上两种形式，关键在于体现骨干引领的效果，让坊内成员在实际工作和学习中，少走弯路，尽快提升。因此，除了注意研修方式，还要注意在运用这种模式研修时的注意事项，方能让骨干的引领发挥实效。

一、防止引领作用的发挥制约学校的发展

　　在实际的工作或研修中，我们发现，各级骨干教师引领作用的发挥，还是不尽如人意的。特别是在校本研修工作中，骨干教师这种优质的教育资源，还没有被许多学校领导所重视。从深层次来看，骨干教师的评选、使用，是带有一些功利性的，是给一些优秀教师在精神上的一种鼓励。所以，一些教师当评上骨干教师以后，产生"船到码头车到站"的想法。这样，他们的引领作用的发挥程度已经制约了学校的发展。这就提醒我们，在运用骨干引领式研修模式时，要注意防止引领作用发挥不当制约学校的发展，影响研修活动的进行。

二、注意发挥骨干教师的示范作用

　　名优骨干教师是师德高尚、业务精良、学识广博的学科带头人乃至名师名家，他们具有丰富的教学经验、先进的教学理念，掌握一定的现代信息技术教育手段，拥有深厚的教育理论功底。由他们承担工作坊研修项目的引领工作时，可以指导培养青年教师，让广大教师从他们教书育人和教育科研的经历及他们成长的历程中，受到启迪和感悟，做到学有榜样、赶有目标，从而增强年轻教师敬业、乐业的职业意识，树立其勤业、精业的师德风范。因此，工作坊进行研修活动时，要注意让骨干的引领发挥实效，不能让骨干教师只是一块牌子，只是一种

摆设，而要让其成为提升工作坊社会影响力的广告。

三、突出骨干教师的引领作用

骨干教师是学校教育、教学的宝贵资源，是推动研修活动的重要动力。他们本身的优势，可以对周围的教师形成辐射引领作用，从而促进广大教师教育、教学能力的提高，推动学校教学质量的提升。因此，学校要发挥工作坊中骨干教师的引领作用，不妨注意从以下几方面入手：

首先，让名优骨干教师在带领学科组成员学习教育理论、教育法规和先进的教育、教学经验方面，起到引领作用，同时他们还在配合教研室教务室负责全组成员的备课、听课、作业的检查、活动的开展和学期结束后教师的测评等工作发挥引领作用。

其次，让名优骨干教师承担每学期的专项研究任务，针对教学中的疑难问题，组织本组教师研讨，从而提升整个团队的教研水平。实践表明，由于骨干教师业务过硬，工作认真，处处能起到带头作用，具有较强的感召力，学科教师的教学水平就有了显著的提高。

最后，让骨干教师帮扶青年教师。随着教师团队的新鲜血液的加入，教师队伍的年轻化，固然有种种优势，但也存在教学经验不足的问题，从而制约了学校教育、教学质量的快速提高，要让这些年轻的教师独当一面，至少需要三至五年时间的锻炼。学校不妨发挥名优骨干教师的引领作用，让骨干教师采用"一对一"等帮扶方式，提高青年教师的教学能力，以此缩短青年教师的成长周期，较快提高学校教师的整体实力。

四、注意制度的创新

学校还要注意，要发挥骨干教师在校本研修中的引领作用，还要明确骨干教师在校本研修中的职责，健全激励机制。学校要意识到，使骨干教师引领作用达到预期的效果，其作用行为的发展过程需要有一个基础性的平台，这个平台首先是要有一套完善的机制。机制主要包括以下几个方面：一是政策保障。学校领导必须熟悉、掌握相关的政策法规，为发挥骨干教师在校本研修中的引领作用提供有力的政策保障。根据学校的具体实际拟定出相应的学校政策，如规定各级骨干教师必须参与校本研修的工作。二是经费保障。发挥骨干教师引领作用也离不开经费的投入，校长要对学校经费进行统筹安排，拨出专项经费，专款专用，且与激励机制相结合。三是教育资源保障。一所学校校本研修的全面推开，需要学校领导在教育资源保障上精心策划，予以落实。校本研修的教育资源可分校内和校外两类。要对教育资源进行科学整合，尤其要发挥各个骨干教师、学科带头人之所长，在校内营造一个合作学习的氛围。

五、强调骨干教师在校本研修中的指导与引领力度

教师的专业化发展，无论是其职前培养时期，还是在职培训时期，都需要体现教师专业特定的职业能力和要求。这种能力的培养和提高离不开教育实践，必须与学校日常生活联系在一起，与学校的教育教学要求和学生的学习联系在一起。开展校本研修，学校要加强对此工作的管理：一是要有明确的骨干教师的引领、培训的内容。我国基础教育中课堂教学的价值观需要从单一地传递教科书上呈现的现成知识，转变为培养能在当代社会中主动、健康发展的一代新人。这就需要通过骨干教师的引领作用来引发教师对教学实践作批判性的反思，探讨因课程、教学改革所需的课堂教学价值观和新的教学行为。因此，在发挥骨干教师引领作用时，要不失时机地针对当前教学任务设计发挥引领、培训的内容，使教师在自己的教学实践中，实现教学观念的转变，包括教学价值观的转变。二是选择骨干教师合适的引领、培训形式。在校本研修中，学校和教师根据自身发展的需要、培训的内容，灵活地选择合适的引领、培训形式，更有利于学校和教师根据自身的特点，通过各种方式完成培训任务，促进教师专业水平的提高。

六、加强骨干教师队伍的建设与管理

骨干教师队伍的建设与管理和学校的教育教学工作一样有严格的操作程序和要求，建立一套有效的管理体系，是骨干教师队伍管理迈向实务的重要保障，是取得骨干教师引领作用的最佳效益的保证。当然，管理不是为了管死，而是要建立在理性的、科学的操作程序上，只有这样，才可能经常得到骨干教师队伍建设的反馈信息，才可能建立起公正的评价标准和机制，才能切实地发挥骨干教师在工作坊研修活动中的引领作用。

要有效开展骨干教师队伍引领的各项活动，管理体系是前提。否则，实现骨干教师建设的队伍目标就得不到保证，骨干教师队伍建设的运行就无法有序操作，骨干教师队伍的管理就很难实施。为此，学校要将对骨干教师队伍的建设与管理作为学校管理体制的一个组成部分。为此，在具体的运作过程中，校长应十分关注学校的师资队伍建设、发展，不能对骨干教师仅仅停留在使用上，更要注重对他们的培养和提高上，使其获得可持续发展的后劲。同时，以此为抓手，促进不同类型、不同层次的教师都能在原有基础上获得发展，向更高的目标努力。

总之，要让骨干引领模式在工作坊的研究活动中发挥作用，就要注意体现名优骨干教师在教师团队中的示范与引领作用，以及他们在教师团队中的榜样与教育作用，要以名优骨干教师作为引领者，通过开展多种形式的合作，构建以教师实践反思、教学创新、科研创新为核心的学习型组织，有效地推动学校学科教学改革，有效地提升学校的教育教学质量。

主题4 骨干引领式研修模式的案例及解读

一、"骨干教师示范课"研修案例

1. 案例展示

【确定主题】

主持人：本次工作坊研修活动，我们以观摩骨干示范课的方式，针对几位骨干老师的教学实例来进行研讨，依据教学内容，明确教学方法，提升教学效果。

【骨干示范】

观看骨干教师示范课视频：A老师示范课《小房子变大房子》；B老师示范教课《北京的春节》。

【骨干教师说课】

A 老师：什么是绘本？绘本在小学教学中要达到一个什么程度？我区现在探索绘本都是教师的自主探索。绘本是小时候读的图画书，幼儿园教绘本可以让孩子爱上读书，小学阶段教绘本可以教孩子识字，还可以培养孩子的想象力，小学高年级的孩子更可以尝试创作绘本。本堂课以四首儿歌穿插其间，使用聪明豆、聪明老先生来进行组织教学。绘本和儿歌是不可分割的一部分，讲完故事后老师要孩子们复述故事，挖掘故事内涵，对比人的心灵的小房子，使孩子们在成长中慢慢感受。

B 老师：为什么编者要将《北京的春节》放在语文教本中？文以载道，当现代生活节奏使得年味儿变淡时，我们要在读文中感受年味儿。希望在文中感受年的味道、年的文化、年的热闹。是老师将文本读深了，还是必须将年味儿如此展现在课堂上？

【集体研修】

（1）工作坊成员围绕骨干教师的示范课进行研修。

老师1：A 老师将组织教学运用得十分流畅自然，本堂绘本课富有童趣也包含哲理，语言训练方面有重点，拟声词的学习逐层渐进，教师把握教材的能力特别强，注重调动学生的积极性。

老师2：绘本课原来还可以挖得如此深。一是以封面导读到故事引读，再到故事复述，层层深入；二是语言富有童趣，如：小问号在哪儿啊？三是将绘本与动画人物联系：图图的小耳朵、聪明老爷爷等；四是抛出问题：小房子是怎样变大房子的？孩子没解决，老师不着急，引导学生慢慢感受。

老师3：A 老师语言很美，带给大家美的享受，老师引导学生感受年味儿这一方面做得较好。

老师4：A 老师注重情境的创设，各地春节风俗不同，教师引导孩子现场采访新疆老师，很有教学机智。学写"瓣"字做得很细致。课件表格让人一目了然，课文是按时间顺序来写的。使学生在朗读中感受年味儿，突出了北京的年味儿。老师的导入、语言的评价等方面都值得大家学习。

老师5：A 老师开场安排采访了新疆老师后抛出问题，小结并板书"中华一家亲"，这一升华做得特别好。课堂上用握手、摸头等方式鼓励孩子，让人觉得很亲切。各个环节目标的指向都非常明确。指导写"瓢"字，注重细节，遵循了学生的认知规律，做得特别好。

老师6：B老师教学语言生动富有童趣，吸引了孩子们的注意力，象声词的训练到位，通过想象编故事、图片编故事做得特别好，融入了语言文字的训练，使之自然，效果倍增。

老师7：精读课文需在第二课时，平日我们教学精雕细琢的是第二课时，今天听完课才知道第一课时原来也可如此特别。一是杂拌儿、零七八碎儿的出示让孩子感受到京味儿，使工具性与文本浓重的京味儿相辅相成颇具人文色彩；二是表格的设计，将文章串联起来，使文章按时间顺序写的方面体现出来；三是对教材的把握直奔重点段。我曾以为元宵赏灯会是重点段，今天再读除夕段的确更有年味儿；四是高超的驾驭能力。如"守岁"故事，让孩子明白守岁的意义和传统的年文化。如对学生的回答会通过追问等方式将学生的思维引向更高的层次；五是教者认为本课讲得太多，评者认为该讲的一定要讲，本课还有很多优点，在此不一一赘述。

（2）专家围绕大家的感受进一步谈教学。

专家1：语文老师到底应该教会学生什么？一是合作检测，轻松感受了轻声词、儿化音；二是生字教学中独选"瓢"字，主要是为了教给孩子一种难字的写法，并教给孩子"谦让"；三是注重对孩子情感的熏陶，如："守岁"立足"孝为先"；四个长文短教，利用表格串联问题使文章重点突出；五是在课堂中创设年味儿；六是珍视孩子的感受，感受了文章味，读了文、写了字，学生收获很多。

专家2：一是蒋老师课堂组织方面强，通过聪明先生、聪明豆将整堂课联系起来；二是了解到绘本是通过情境故事讲述道理，是语文课外的拓展，蒋老师将绘本与语文课联系了起来；三是教者调动课堂积极性的能力很强。

【专家评课，方法指导】

（1）图画课的教学：图文并茂，趣礼相生。

图文并茂，主要是指：一是体现在细致的观察，读封面，关注了标题、人物、动物、译者、作者等；二是体现在激发想象，读画面；三是引导对比，读图片；四是做到了文字的积累，创编了儿歌，观察了象形字的特点。

趣礼相生，主要是指：一是表现在聪明老先生是智慧的代表，通过儿歌引导孩子自主学习；二是动作的演示，使学生对绘本更感兴趣；三是绘本是编者通过智慧将意义融于故事书中，浅浅地教，浅浅地出，使学生深深感受。

（2）阅读课：因学定教，顺学而教。

这一原则具体体现为简化流程，落实过程；简化问题，开放思维；简化资源，还原本真。

2. 案例分析

本案例集中体现了骨干引领式的工作坊研修特点。整个研修过程如下：

（1）环节1：点明主题，明确活动方式。

研修活动开始，主持人就明确指出本次研修活动的方式是骨干引领，专家讲评，然后指明研修的环节是骨干示范课——专家点评。这就让坊内教师明确了工作坊本次教研活动的方式。

（2）环节2：观课论课，提高认识。

接下来，坊内教师观摩了骨干教师的教学视频。在随后的教者谈想法，观者谈感受的过程中，坊内成员清楚了骨干教师在处理不同课型时的方法和原则，提升了认识，也让自己和他人的感受落到了实处。接下来，专家围绕骨干教师的授课内容加以点评，让参与活动的教师清楚了问题的核心，以及骨干教师的精到之处，进一步加深了认识，提高了对教学的理解。

（3）环节3：专家总结，指明方法。

在以上基础上，由专家对两种类型的示范课的教学方法进行点评，然后指明教学的具体方法，让参加活动的教师找到方法，找到遵循的原则，进而提升其理论和实践认识及水平。

二、"骨干教师观摩指导"研修案例（节选）

1. 案例展示

……

【环节2：教师示范】

观看Z老师执教一年级数学下册《两位数加一位数整十数》，Y老师执教二年级数学下册《搭配》的教学视频。

【环节3：评课论课】

（1）授课教师自评。

Z老师自评：一年级学生以直观思维为主，因此，我设计学生用学具帮助学习。我注重学生知识的转化，把新知识转化成旧知识，让学生自主学习、合作交流、展示汇报为主，教师适当启发、引导。让学生用自己喜欢的方式计算"26＋3"，最初设想是大部分学生用小棒摆一摆，结果是大部分学生用计数器操作，这一点出乎我的意料。我还注重及时巩固，加深认识。在学生探索算法后，及时跟进基础练习，让学生充分、及时巩固新知，加深对算法的认真。不足：教学机智还不够灵活，自己很容易受心情的影响。安排学生用学具操作，但操作还不到位。

Y老师自评：本节课从生活实际出发，安排学生学习生活中的数学。数学问题生活化，从学生熟悉的穿衣服入手，学习数学搭配问题。不足体现在：一是学生在黑板上摆图片位置有点低，全班学生看不到，没有起到展示作用。二是老师说得多了些，抢学生的话，应该让学生充分说。三是"$2 \times 3 = 6$"中的2和3不表示裙子和上衣，而是以上衣来搭配，有2件上衣，每件上衣有3种搭配方法；以裙子来搭配，有3条裙子，每条裙子有2种搭配方法。

（2）坊内教师和专家点评。

师1：Z老师课前对学生学习习惯的要求很到位，课堂注重算理。

师2：Y老师让学生搭配从无序到有序，由易到难，步步深入。充分让学生用学具摆一摆，通过操作得出方法；老师语言很亲切，衔接自然。搭配问题，教材上没有出现算式，但岳老师从学生长远发展出发，让学生有序、简洁，进而列算式进行表示，为以后的排列组合打下了基础。建议：学生摆学具展示时，第一个是无序的，第二个有序，两个摆完后进行对比，让学生判断得出哪个办法好，为什么好，让学生通过体验得出要有序。

专家1：Z老师这节课不华丽，很实用：一是设计遵循学生年龄特点，由简单到复杂。二是注重学生自主探究能力的培养，让学生做数学，从中总结出一般算理。三是注意新知识的及时巩固，让学生充分说自己的算法。建议：一是让学生不单说一说，还写一写、做一做，然后再说一说。二是口算是培养学生敏捷性的，让学生边读题边说得数，不如让学生直接说得数。三是要让学生明白为什么个位加个位。

师3：Z老师算理与算法结合有效，让学生摆一摆得出算法。把计算过程和同桌互相说时，出现了两个学生同时说的情况，要避免。Y老师这节课数学思想方法渗透得好，学生表现很好，"同理"学生都知道怎么做，好像是初中、高中学生才明白同理是什么意思。

专家2：Z老师重点突出、难点突破得很好，重在算理，尊重学生自主学习，探究方法。一是难点突破上如"26+3"，为什么3不加在十位上，尽管学生说得不太明白，但体会得很好。二是尊重学生的学习，学生的不同方法体现老师尊重学生的算理。不足之处在于指导语不到位：学生总结算法时，还有学生在拨珠，没有参与学习，老师要及时制止、进行教学组织。Y老师这节课树立了大数学观，尊重学生自主学习很到位，对知识有效地进行了拓展延伸，总结出计算方法，为以后学习排列组合打下了基础。建议：一是内容比较多，有的过程体现了，学生探究的还不够。二是有序、不重复、不遗漏，有些快，不扎实，不能真正使学生体验，在过程中理解。三是探究方法时，一个图就足够了，能否让学生再说一说，就更清楚了。四是讲课时，尽管用了过渡语，但要注意恰当、有趣、准确。

专家3：Z老师这节课注重操作，关注过程：老师让学生在学具操作的过程中经历数学知识的形成过程，让学生做数学，是非常好的做法，是老师学习课标精神的直接体现，只有把课标学习的成果落到学生处，才是学习的效果体现。他注重算理，关注全体，给每一个学生参与学习的机会；注重习惯，关注细节。建议：一是算理要回归本质。这节课的算理是几个一和几个一相加，几个十和几个十相加，也就是相同单位的数才能相加。而老师被学生回答的"个位和个位相加、十位和十位相加"拐走了。二是归纳方法要体验充分。老师在学生仅仅经历了一次过程，就归纳方法有些早，并且老师的语言还比较抽象。应该安排学生再经历两次，有了多次的体验后进行归纳，学生也就有了基础，才符合学生的认知规律。三是学具操作要与计算方法进行区别。

Y老师这节课有几点说明：一是创设学生熟悉的情景，从穿衣、吃饭、走路等学生熟悉的教学情境，唤醒学生已有经验，密切了数学与生活的联系。二是让学生经历符号化的过程，学生展示过程有汉字、数字、符号，非常丰富。三是让学生思路清晰，条理分明："是拿裙子去配上衣，还是拿上衣去配裙子？"这样不重复、也不遗漏。建议：一是例题展示中归纳出方法更好。二是练习要给学生体验过程的机会。三是要让学生完整经历"猜想—验证—结论"的过程。

【环节4：评课结课】

专家1：共同的优点：一是准备充分，对提前试讲很重视，值得表扬。二是设计体验符合新课程标准，适合学生的年龄特点。三是以学生为主体，老师注意引导，让学生摆、画，探究方法。不足：一是小组合作、交流还流于形式，还需要加强训练。二是老师表达不够准确。如Z老师："为什么不加在十位上、个位上？"这是竖式，应给学生扭转到计数单位上。三是教学把握需要深层次的思考，目前尚不到位，如Z老师在探究"26＋3"方法时，学生用计数器和小棒是学具不同，不是方法不同。Y老师的"2×3"不是方法，要在操作的基础上归纳出算法，不能单列。四是Y老师不应把思路画在本上作为重点。五是"35＋2"先让一个学生说思路，然后同桌互说。这样同桌互说成了重复前面同学的话，没有创造性。应该把顺序颠倒一下，先给每一个学生思考、探索的机会，再进行交流。

专家2：这次学习听课收获很大。教材进行一下整合，可以在前面教授重点内容，后面安排各项认识。多读课标，就能找到教学的根。Y老师的这节课可以提前布置给学生，上成交流课，学生更感兴趣。数学源于生活，用于生活，重在培养兴趣，老师要放一放。Z老师的这节课不要受限于课本知识，要贴近学生生活。

2. 案例分析

本案例是工作坊名师观课评课的案例节选。这一案例也突出表现了名师对教师的引领作用，尤其是针对性的点评和指导，实现了多对一的指导原则，对教师教学能力的提升起到了极好的指导作用。从教研活动的环节中可以看到，研修活动的安排相当科学，主要表现在以下几方面：

一是让专家和教师一起点评。这样一来，不但授课教师获得了提升，观课教师也在学习的同时，经过深入思考得到提升。

二是"观＋评＋点"三者结合。观的是教师的授课视频，真实地展示了教学的全过程，可以让专家问诊一步到位，评的方式包括了自评、他评，听者明确教者的意图，更能发现问题产生的根源，点评也更加到位。

三是专家总结强化。这种方式将教师的优点和不足指出，让教者的提升和强化找到了立足点，不但获得了自信心，也找到了问题所在，成长得也就更快。

三、"'一课一得'名师示范课观摩研讨"研修案例（节选）

1. 案例展示

（1）主持人："一课一得"是著名教育家陶行知先生提出的启发式教育的基本要求之一，即学生一堂课在学习上有收获，能理解一个问题，明白一个道理，掌握一种方法。简言之，就是要求教师在备课时明确一堂课内完成一个总体的教学目标，所有的学习活动都围绕一个学习目标来展开，让学生在这一堂课上真正有所收获！本次研修活动，我们采用观摩名师示范课的方式，通过学习名师的教学案例，提升自己的教学水平和教学能力。

（2）坊内教师观看名师教学视频，随时记录个人心得和感受。

（3）主持人组织教师谈观课的感受和收获。

师1：我平时上课，总觉得这一刻要说的点很多，又找不到一条合适的线将这些点有效地串联在一起，往往是顾此失彼抑或凌乱不堪。感觉自己备课时也下了功夫，但效果却不尽如人意。听了张老师的《地震中的父与子》，才明白原来读也能让学生把课文学懂。在张老师看来，词语也是有生命的，你要用全部的生命热情去对待每个词语。词语读好了，有感情朗读，自然就没有问题，当读者身临其境，感同身受，走入文本时，对文本的理解自然不是难题。另外，教师的引导与示范也特别重要，好的示范会很容易将学生带入文本。我们的课堂恰恰没有注意到这些，总是一味地讲、一味地分析，其实效果不大。任何课程的设计都应该是以语言的学习为核心，语文活动（听、说、读、写）为主体，抓住主要的训练点进行设计，目标明确，一课一得，长此以往，学生便会具备一定的语文素养。

师2：毕老师《爬山虎的脚》示范课告诉我们，以课本为例子，在例子中寻找总结规律，总结出学习的办法。在本节示范课中没有我们平时上课的那种，关于字词、有感情朗读、体会作者写法及表达方式之类的目标，本课的目标很明确很简单——连续观察。让学生边读课文边画出爬山虎的脚，通过脚的位置、颜色、形状以及爬山虎是怎样爬的总结规律性的东西：连续观察写变化，具体观察写样子，再用课外拓展来证实所得结论，最后用规律来完成有关植物类的写作。这就像数学课一样，知道了定理定义，然后运用他们来做题。现在是运用规律来写作，也算是活学活用，便于掌握便于操作。这样教给学生的就是方法，学生自己学会学习，课堂效率自然高。

……

（4）主持人总结。

崔老师在教材解读与核心素养中说"必须给学生打好底子"，底子怎样打？就是课堂的积累。听了名师的讲座、报告和示范课，收获很多，试着让自己的课堂变得干净、高效。作为语文老师，我们应该有大格局，大视野，用师者的高度与智慧给学生一个美好的未来。

2. 案例分析

在这一工作坊研修活动中，我们可以看到，研修活动是以观摩名师示范课的方式进行的，体现了中心环绕式的研修方法，骨干引领的作用体现在示范课的示范作用上。因此在这样的研修形式中，虽然也体现了骨干引领式，但教师观课后的感受和领悟也相当重要。加强这一环节中的指导效果会更好。

倘若条件允许，不妨采用同课异构的方式，让观课教师在观摩名师的课前课后，以同一课为基础，自己设计课或上课，这样的骨干引领效果会更好。

四、"优质课观摩研讨"研修案例（节选）

1. 案例展示

（1）主持人介绍本次研修活动安排。

（2）坊内教师观看"第十届全国中学（初中）英语教学观摩研讨会"的录像。

（3）骨干教师点评，进行教育教学指导。

骨干教师 1 点评：

各位老师，大家好！刚才我们看到的是中国教育学会外语教学专业委员会举办的"第十届全国中学（初中）英语教学观摩研讨会"的录像。举办此次活动目的在于与广大英语教师一起总结英语教学的成功经验，探讨适合中国国情的英语教学模式和课程评价的新路子，提高中学英语教学质量，为我们的日常教学提供方法，指明方向。而事实上，这节观摩课也的确为我们指明了方向。

第一，语言教学不能单纯只停留在语言和语法本身，而应将之作为工具和载体，用语言，而不是单纯地学语言。老师也应该有意识地把"将英语作为语言工具而非语言本身"这一点潜移默化地传递给学生，应该将英语教学提高到传播文化的高度，使学生学会如何使用语言。教英语、学英语与使用英语不同。

第二，英语以其作为语言工具的特点，与其他学科有着密不可分的联系，英语老师应该能做到跨学科教学（用英语讲授其他学科），培养学生的跨文化意识；如本课中讲到的视觉现象，又如 SWE, Book 1A 中 Unit 4 对数学题的讲解教学等。

第三，灵活运用情感策略，巧妙引导学生自己探索、研究，自主创造、总结。

当然，不足之处也有，比如下课有拖堂之嫌，但是瑕不掩瑜。她的确在新课标的运用中探索出了很好的路子，很值得我们借鉴，尤其是授课者对情感策略的恰当运用。下面我就情感策略这一点谈谈自己的不成熟的看法，敬请大家批评指正。

第一，这节示范课的老师是来自北京 A 老师，看得出她与同学们是初次见面，全新的课室，全新的学生，A 老师以其特有的亲和力很快就拉近了与学生之间的关系，消除了彼此之间的陌生感，为这节课的顺利进行打下了基础，体现了A 老师很强的课堂驾驭能力。比如在导入阶段，A 老师对那些积极举手回答问题的同学给了小礼物以示鼓励、下课时又在班上留下了两本有关首都北京的书以做纪念，都体现了情感教学。

第二，整节课讲授时，老师都是微笑教学，并与学生亲切交流；学生讨论交流时老师注意观察，必要时，给学生适当的指导，更让学生对自己有一种信任感；学生的答案有偏差时，老师也是给予鼓励性的评价，而且恰当自然地指导、纠正学生的语音语调，注意到了"评价与指导相结合的原则"。

第三，整节课围绕三个要点和一个结论（Seeing is making designs; Seeing can be making mistakes; Seeing is filling in the gaps. Seeing and thinking are both important!）展开，但是这三个要点和一个结论全部由老师运用"问答法""激励法""图示法"及恰当的肢体语言等多种教学方法和手段来引导，由学生自己总结得出，从而体现了"主体与主导相结合的原则"，在这三个要点和一个结论的总结过程中，老师也很好地把握了"过程与结果并重的原则"。

第四，我们注意到，在这节课的后半段，电脑出现了一点问题时，A 老师能马上做出反应，体现出其准备充分，经验丰富，驾驭课堂的能力很强，课堂上头脑灵活、沉着冷静，可见其备课时就注意到了"科学性与可行性相结合的原则"。

第五，整节课老师引导学生步步深入，引人入胜，由学生自主思考，积极探索，自主总结，充分体现了"主体与主导相结合的原则"。

第六，适当的心理和思想教育也为这节课增色不少。新课标课程改革的重点就在于使语言学习的过程成为学生形成积极的情感态度、主动思维和大胆实践、提高跨文化意识和形成自主学习能力的过程。我认为这节课之所以能成为优质课就在于她恰当运用情感策略，充分调动学生的情感态度，从而使学生能主动思维，大胆实践。这的确能为我们以后的教学提供借鉴。

骨干教师 2 点评：

本节课的背景说明：该老师为第五届全国中学生英语优质课北赛区一等奖第一名。该堂课学生英语水平不是太好，反应较慢，但参赛老师用自己的机智与魅力很好地上完了这堂课，值得学习。英语课堂中，应该将文化融入课堂，老师应提高综合素质。本节课通过多种形式来应用三个句型。

骨干地教师 3 点评：

……

2. 案例分析

从这次工作坊研修的过程来看，本次研修体现骨干引领的方式有两条线：一是录像中的骨干示范课，让观摩教师真实感受到，在教学中教师的综合素质等的重要性。二是骨干教师的点评，让观摩教师真切地得到了理论的提升。所以，这是一次理论与实践相结合的骨干引领式研修活动，对于教师能力的提升起到了扎实的作用，也是一种工作坊展开研修的极其便捷、实用的方式。

附　录

教师工作坊规章（制度、计划）示例

附录1　班主任工作坊章程

第一章　指导思想

当今素质教育不断发展，不断深入，对教师的专业化发展提出了更高的要求，尤其是大力提升班主任专业素养，提高班主任队伍的德育能力已经成为学校发展的紧迫任务。我校本着与时俱进、开拓创新的精神，成立班主任工作坊，旨在通过班主任创新工作的研究，引领和带动本校班主任队伍向专业化方向发展，更好地服务于学生，从而实现自己的教育理想。

第二章　目标和任务

1. 理论引领，观念更新：通过专家引领和理论学习，提高班主任的师德修养、教育理论水平，改进教育方法，塑造自身专业化形象。

2. 经验交流，互助合作：积极发掘、提炼班主任日常工作中的好经验、好方法，通过经验交流的形式，将新知识、新理论、新观念、新体验及时传递，形成互助共享。

3. 校本研讨，开拓发展：通过德育课题研究，案例研讨，关键教育事件研讨和校本德育课程研发等形式，开展德育科研活动。带动一批具有敬业精神、能力较强的班主任在工作坊的研修中，潜心探索教育规律，勇于开展教育实践，精于积累，善于反思，促进班主任队伍专业化发展。

第三章　组织

1. 班主任工作坊设立领导小组，由专家顾问、会长和副会长组成，具体制定学校班主任工作坊的工作计划和落实计划，并负责各项工作的协调与指导。

2. 班主任工作坊设立核心小组，参与讨论计划的制订与计划的落实，并具体指导成员开展学习、培训与科研工作。

第四章　成员

1. 班主任工作坊专家顾问由知名度高的德育专家担任，学校颁发聘书。

2. 班主任工作坊会长由学校分管领导担任，班主任工作坊副会长由班主任骨干担任。

3. 工作坊核心小组成员，以学校认定和自愿申请为原则，根据教师实际工作情况确定。

4. 愿意加入到班主任工作坊，并在其中积极工作，履行工作坊成员义务的学校教师，可申请加入班主任工作坊。

第五章　成员的权利

1. 参加工作坊的有关会议和活动，共享工作坊的相关信息和资料。

2. 对工作坊的工作提出批评、建议并进行监督。

3. 对工作坊的工作有较大贡献的成员，有权获得表彰和奖励。

4. 工作坊成员的优秀课题以及优秀论文，有权优先立项和推荐发表。

5. 工作坊成员入会自愿，退会自由。对无心参与工作坊工作的成员，或参加工作不热情、不积极者，可随时向工作坊提出退离请求。

第六章　成员的义务

1. 工作坊成员要为人师表，不断提高自身师德修养，竭尽全力为学生服务。

2. 认真履行工作坊成员的义务，带头参加工作坊的学习、培训与研讨。

3. 执行工作坊的决议，完成工作坊交给的任务，带头参加学校德育科研工作，努力提高自身的专业素养，在学校德育工作上发挥示范作用。

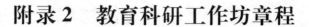

附录2　教育科研工作坊章程

为了工作坊的可持续发展，更好地开展工作，特制定本章程。

工作坊全称：教育科研工作坊，简称"科研工作坊"。

工作坊宗旨：人人参与研究，群策群力做好研究。

工作坊性质：自发性组织，自愿报名，秉持"以科研的方式工作，以合作的方式研究"的理念，开展自主、平等、真实、有效的课题研究。

工作坊目的：搭建一个"共享交流"的研修平台，互相切磋、学习，互相帮助、提高，共同参与、亲身体验真实的教育科学研究。

工作坊内容：立足于课题，但不局限于课题，开展有针对性的科研指导和服务。内容包含课题会诊、案例研讨、专家指导、信息分享、科研读书会等。

工作坊分为两季：课题季和研修季。课题季，是根据省、市、区课题申报的时间，开展专题研讨。研修季，是针对目前中小学教师课题研究过程中存在的薄弱环节，开展针对性的指导。内容包括研究方法的使用、如何撰写研究报告、科研论文的写作、科研成果的总结提炼、如何开题结题、如何转化研究成果等。工作坊的内容还包括：将适当邀请科研专家进行针对性指导，邀请一些科研能手分享研究经验。与此同时，精选部分科研书籍进行研读、讨论。

会员须知：

1. 会员须是有志于真正做研究，能够踏踏实实、静心做研究，并希望通过研究提升自己的中小学教师。

2. 工作坊是自发性组织，全是自愿行为。工作坊倡导人人参与研究，群策群力做好研究。工作坊的发展需要全体会员目标一致、共同参与、认真投入。只有如此，方才能够真正地提高自己。

3. 会员要尽量参加工作坊的每一次活动，全心全意投入到每一项活动，努力营造互助自主、平等、积极、温暖的集体氛围。

4. 遵守工作坊的相关规定，不迟到、早退，按时完成相关的阅读、练笔作业。

附录3　××工作坊章程

第一章　总　则

第一条　工作坊是自愿加入，自主管理，沙龙式集结的教师共同体。

第二条　工作坊关注教育发展的最新动向，围绕教学中热点和难点问题开展互助学习，协作研讨，提高教学与研究水平，形成教研成果，打造名师队伍。

第三条　工作坊以关注教师心灵成长，提升教师生命质量为根本宗旨，以读书思考、实践记录、交流分享为基本途径，培植和维护团队成员的生命活力和人道情怀。

第二章　成　员

第四条　工作坊成员以中小学教师为主体，不受学段、学科、职务、职称和地域的限制。

第五条　工作坊坚持开放性、纯洁性和精英化的会员发展道路。开放性就是对所有教师（或家长）开放；纯洁性即要求成员认同教师职业、热爱教学工作，关注自己的精神成长和专业发展；精英化是要求成员必须坚持读书、实践和写作的发展之路，努力成为区域或全国教育行业中的佼佼者。

第六条　凡在指定网站成功开通博客，并发表日志；成功加入工作坊工作群（群号）即可成为工作坊观察员。

第七条　观察员的观察期为一学期。观察期内，符合以下条件，即可在观察期满转为正式成员。

（一）坚持参加工作坊开展的读书活动，完成工作坊推荐的必读书目或影视作品。

（二）坚持教育实践和思考写作，发表个人日志，每月不少于两篇。

第八条　工作坊将对成员参加团队活动情况进行严格考核。凡有事不能参加者，必须事先请假。在无特殊情况下，一个月内不发表个人日志；或连续两次不参加网络研讨；或连续两次缺席沙龙活动，即视为自动退坊。

第三章　权利与义务

第九条　工作坊成员有对本坊的组织工作、活动安排等提出意见和建议的权利，有自由退坊的权利，有坊内选举和被选举的权利。

第十条　工作坊成员有遵守本坊章程、维护本坊权益和声誉的义务，有认真参加本坊各项活动、积极参与互动交流的义务，有不断提高自己并影响带动他人的义务。

第四章　活动与交流

第十一条　工作坊适时开展网上研讨和读书沙龙活动，网络研讨每季度不少于一次，读书沙龙每学年不少于一次，集中活动所需费用实行 AA 制。

第十二条　工作坊对成员实行动态管理。坚持每年开展年度人物评选，不定期出版优秀作品汇编，不定期推出个人专辑，推介成员优秀成果。

附录4　学科工作坊（区级）坊主职责

区域学科工作坊坊主由区域师训员或优秀骨干教师担任，接受区级管理员领导和中国教师研修网指导，主要负责本区域相关学科研修活动的组织与指导工作，其主要职责如下：

1. 制订区级学科研修计划。围绕信息技术应用能力提升，结合本地实际和项目组的年度研修计划，能够根据本地的实际需求，确定适合的本区研修主题，制订区域研修计划和指导方案。

2. 组织区级学科研修活动。引导本区域本学科学员加入教师工作坊，牵头主持本坊工作，发挥"教师工作坊"作用，组织参与引领性主题研修活动，并根据本地教学实际，设计、发起线上、线下的研修活动，组织本坊成员进行问题研讨，分享教学资源，积极引导跨区域资源共享与交流，保证工作坊活跃度与研修质量。

3. 参与网络视频答疑活动。参与中国教师研修网组织的学情通报会与集中答疑活动，及时了解培训情况，并对本坊的问题及时提出解决措施。并向区域管理员汇报。

4. 培育区级特色学科榜样。围绕信息技术应用能力提升，设计、组织跨校的线上与线下相结合的研修活动，至少实践和提炼一种典型模式，至少培育一个特色学科组。

5. 做好区级学科总结工作。做好生成性资源的推荐工作；深入挖掘并积极推荐本坊活跃组员及优秀研修成果等，整理名单，做好项目总结，并提交给研修网项目组。

附录5 学科工作坊（校级）坊主的职责

学科工作坊坊主由项目学校学科教研组长或优秀骨干教师担任，接受区、校两级管理员领导和中国教师研修网、区级学科工作坊坊主指导，主要负责本区域相关学科研修活动的组织与指导工作，其主要职责如下：

1. 制订本校学科研修计划。围绕信息技术应用能力提升，结合本校实际和项目组的年度研修计划，根据本学科学员的实际需求，制订学科组年度研修计划。

2. 组织本校学科研修活动。引导本校本学科学员加入协作组，牵头主持本校学科协作组工作，参与引领性主题研修活动，并根据本校教学实际，设计、发起参与线上、线下的研修活动，组织本组组员进行问题研讨，回答问题，跟进点评，分享教学资源，积极引导跨区域资源共享与交流，保证协作组活跃度与研修质量。

3. 督促指导本组组员学习。全程指导本校学科协作组研修活动，监控学员学习过程，督促本组组员上线学习并积极参加研修活动，进行作业点评和优秀作业推荐，对跟进不足的学员进行及时提醒，并报告校级管理员，确保学员的参训率、有效学习率和合格率。及时发现、梳理学员学习中的问题，将共性问题、疑难问题提交给区级学科工作坊坊主。

4. 编制本校学科协作组简报。建设班级文化，优化学风，营造合作学习、奋发向上的良好氛围，定期以简报形式通报本组组员的研修情况及成果，上传至本学科协作组。

5. 参与网络视频答疑活动。参与中国教师研修网组织的学情通报会与集中答疑活动，及时了解培训情况，并对本组的问题及时提出解决措施。

6. 培育本校教师彰显特色。围绕信息技术应用能力提升，设计、组织适合本学科的线上与线下相结合的研修活动，至少提炼和实践一种典型模式，至少培养一名特色教师。

7. 做好本校学科研修总结。深入挖掘并积极推荐本学科组活跃组员及优秀研修成果等，考核评定本协作组组员的研修成绩，评选并上报优秀学员，做好生成性资源的推荐工作。

附录6　工作坊个人研修计划

姓　　名	张＊＊	教龄	18 年
学　　校	＊＊市＊＊区＊＊小学	任教学科年级	三年级语文数学
个人专业发展分析	作为一名小学教师，我很喜欢并用心经营自己从事的这个职业。自参加工作以来，我不断虚心学习，丰富自己，总结积累了宝贵的教学经验，先后在"三步识字教学""板块阅读教学""体验作文教学"和"读写结合训练"等方面，有了自己的教研成果。 　　虽然如此，但我也清醒地意识到在新课改的浪潮中，高超的教学技能对打造高效课堂有多重要。因此，不断充实自己教学技能，打造高效课堂，将是我个人专业发展的终身目标。		
此次研修过程中您想要解决的一个核心问题	在实际的教学中，我时常为找不到省时高效的教学技能而感到困惑，总觉得在课堂上既浪费了学生的时间，又没有如愿以偿地达到理想的教学效果。因此，此次国培学习我要解决最核心的问题是如何提升教学技能，打造高效课堂。		

（续表）

解决以上问题的基本思路与主要方法	1. 虚心向专家学习并积累先进的育人理念和技能。 2. 同伴互助，取长补短。 3. 在课堂教学中不断尝试、探索、反思、总结，形成适合自己的教学风格。
研修主题	提升教学技能，打造高效课堂。
研修目标	通过此次国培学习，我要解决最核心的问题是如何提升教学技能，打造高效课堂。
实施步骤	1. 每天安排足够时间学习研修的课程，要抓住本次研修的好机会，密切联系课堂教学，注重理论与实践结合。 2. 通过多种途径获取信息技术教育资源，掌握加工、制作和管理信息技术教育资源的工具与方法。 3. 平时要多读书学习，尤其是对自评中暴露出的短板要想办法弥补，要在科学的理论指导下进行实践，要改变落后的教学思想，吃透本次研修的课程主题，有针对性地选择相关主题展开研修。 4. 积极主动和同伴互动，培养自己的合作能力。在学习坊内，要虚心向有能力的同学学习，取长补短，发展自己应用信息技术优化课堂的能力，帮助学生尽快转变学习方式，达到在研修的过程中共同进步的目的。 5. 学思写相结合，在研修中要坚持思考，坚持撰写研修日记。
预期研修成果	掌握更多、更高效的教学技能，让自己的课堂变得省时高效。

附录7　××工作坊工作计划书

一、总体目标

在三年的时间里，以名师工作室为成长平台，以课堂教学为主阵地，以课题研究为抓手，坚持自主学习与名师的示范、指导和辐射作用相结合的原则，开展教育教学研究活动。立足课堂教学研究，通过学理论、教学观摩、研讨、撰写教育随笔等方式，促进全体成员的快速成长，培养初中英语学科骨干教师，构建教师专业发展的平台，促进初中英语教师素质的全面提升，实现英语教育高标准、高质量均衡发展的目标。

二、年度目标

1. 第一年度（2016年6月~2017年6月）组建工作室团队

（1）组建工作室，举行工作室启动仪式。

（2）签订协议，工作室主持人与工作室每个成员签订培养责任书。

（3）制定《名师工作室三年发展规划》。

（4）工作室成员制订个人成长规划，年度计划。

（5）组织工作室成员学习教育教学理论。每位成员每学期自学教育教学书籍一本上，并做不少于5000字的读书笔记，一篇不少于1500字的反思性教育教学论文或教学总结，以座谈会形式汇报学习情况，交流学习心得。

（6）开展工作室成员的课堂教学展示活动。

2. 第二年度（2017年9月~2018年6月）研究、培训、活动阶段

（1）开展以有效课堂教学为中心开展初中英语课堂教学研究。

（2）开展成员的课堂教学微课录制，展示活动。

（3）开展课题研究。至少参与一项市、县/区级教育教学课题的研究，课题内容要从解决教师的具体实际问题选择，真正促进教师自身的发展。重点开展中考考试与备考复习研究，提升中考研讨会的质量。

（4）争取走出去，请进来的学习机会充实教学理论和教学实践，取长补短；

工作室名师进行专题讲座。

（5）开展网络教研。对教学中出现的问题及时答疑解惑，带动各校初中英语教师交流讨论，通过沟通、互助、分享，发现教学问题，解决问题。及时上传教学资源，更新教育日志。

3. 第三年度（2018 年 9 月～2019 年 6 月）总结评价、成果展示阶段、成果辐射

（1）工作室成员整理个人档案，撰写个人总结。

（2）撰写课题总结和工作室总结。

（3）工作室成员成果展示汇报活动和考评。

（4）开展名师论坛活动。

（5）整理工作室成果资料，展示工作室研究成果。

（6）名师工作室主持人每年对工作室成员进行考核评价。评比工作室优秀成员。

（7）工作室教学、教研成果以论文、专著、研讨会、报告会、名师论坛、公开教学、专题讲座等形式向外辐射，示范引领全市初中英语学科课程教学改革，促进全市初中英语学科教学均衡发展、促进全市各学校初中英语教学质量的提高和教师的专业成长。

后　记

　　在编写本书的过程中，编者借鉴和参考了国内外一些知名专家的著作和研究成果，引用了一些教师的案例和博客文章，在此向所有专家、教师致以衷心的感谢！受沟通渠道所限，我们未能与所有作者都取得联系，敬请相关作者与我们联系，我们的电子邮箱为：taolishuxi@126.com。

编　者